国家社科基金
后期资助项目

U0298632

基于术语关系的
贝叶斯网络检索模型扩展

徐建民　著

科学出版社

北　京

内 容 简 介

针对贝叶斯网络信息检索模型没有考虑术语之间关系的不足,本书首先研究词语间关系问题,提出了改进的共现分析方法和 PF-IBF 方法;重点研究了利用术语间关系对信念网络模型、简单贝叶斯网络模型、基于影响图的结构化文档检索模型的扩展问题,给出了扩展模型的拓扑结构和信息检索过程,实验验证了扩展模型的性能;同时,介绍了词语关系在特征词提取、查询扩展和文档相似度等方面的应用研究,以及基于信念网络的话题识别和追踪建模。

本书可以作为高等院校信息管理与信息系统、计算机科学与技术、情报学和图书馆学等专业研究生的教材,也可以作为相关领域研究人员的参考书。

图书在版编目(CIP)数据

基于术语关系的贝叶斯网络检索模型扩展 / 徐建民著. —北京:科学出版社,2019.11

(国家社科基金后期资助项目)

ISBN 978-7-03-063143-5

Ⅰ. ①基… Ⅱ. ①徐… Ⅲ. ①贝叶斯方法−网络检索−数学模型−研究 Ⅳ. ①TP391.3

中国版本图书馆CIP数据核字(2019)第245950号

责任编辑:姚庆爽 / 责任校对:杨聪敏
责任印制:吴兆东 / 封面设计:陈 敬

科学出版社出版
北京东黄城根北街 16 号
邮政编码:100717
http://www.sciencep.com

北京厚诚则铭印刷科技有限公司 印刷
科学出版社发行 各地新华书店经销
*

2019 年 11 月第 一 版 开本:720 × 1000 1/16
2019 年 11 月第一次印刷 印张:12 3/4
字数:250 000

定价:98.00 元
(如有印装质量问题,我社负责调换)

国家社科基金后期资助项目
出版说明

后期资助项目是国家社科基金设立的一类重要项目，旨在鼓励广大社科研究者潜心治学，支持基础研究多出优秀成果。它是经过严格评审，从接近完成的科研成果中遴选立项的。为扩大后期资助项目的影响，更好地推动学术发展，促进成果转化，全国哲学社会科学工作办公室按照"统一设计、统一标识、统一版式、形成系列"的总体要求，组织出版国家社科基金后期资助项目成果。

全国哲学社会科学工作办公室

前　　言

随着互联网技术的发展，信息检索已经成为计算机科学、情报学、图书馆学等诸多领域的研究热点，而建模是信息检索领域最重要的研究内容之一。基于贝叶斯网络的检索模型是信息检索领域最主要的概率模型之一，主要包括推理网络模型、信念网络模型、贝叶斯网络系列模型三类，其主要不足是，假设术语是独立的，没有合理利用术语之间的关系，因而无法实现语义检索。

术语间关系主要包括相似（同义）关系和相关关系。查询术语的同义词和相关词在一定程度上表达了用户的查询意图，文档间的同义词和相关词一定程度上隐含了文档间的内在联系。合理利用这些关系可以提升检索模型的性能，实现一定意义上的语义检索。因此，研究如何挖掘术语关系并将其应用于基于贝叶斯网络的信息检索模型，无疑具有一定的理论意义和应用价值。

本书从研究词语间关系入手，相继研究了利用词语间关系改进传统文本特征提取方法，利用术语间关系实现对信念网络模型、简单贝叶斯网络模型、基于影响图的结构化文档模型的扩展问题，实验表明，这些扩展可以提高模型的性能，实现一定意义上的语义检索。同时，针对国内实验用小型测试集缺乏的现实情况，介绍了一个小型中文测试集的构建和分析。我 2009 年以后的多数相关研究，都是利用这个测试集做的实验验证。

本书内容主要包括三部分。第 1 章为绪论，第 2～4 章是本书的研究基础；第 5～9 章是本书的主体部分，主要介绍利用术语关系对贝叶斯网络检索模型进行扩展的研究；第 10～11 章介绍词语关系和贝叶斯网络在信息检索其他方面的一些应用研究，可以看作第 5～9 章的扩展。上述内容主要来自两部分工作，其一是我 2007 年在天津大学完成的博士论文，其二是博士毕业后和我的研究生做的一些后续研究工作。

2007 年，国内有出版社建议我在博士论文的基础上出版一本专著，但考虑到当时我的研究还不够成熟，就没有答应。2016 年又有两家出版社提出同样建议，希望我能整理一下几年来这方面的研究。考虑到这些年我和我的研究生们又补充了一些工作，本着对十几年来工作进行一个梳理，为其他研究者提供一些研究资料的目的，又经过近两年时间的修改和补充形成了目前这个书稿。

感谢我的博士生导师天津大学的唐万生先生，是他最初帮我选定了这个研究方向，并在具体工作中给予了非常重要的意见；感谢我的博士研究生吴树芳女士，她多年来和我一起从事信念网络模型的扩展研究，为本书的有关内容做了很多有益工作，同时在基于信念网络的话题识别与追踪方面，她也做了一些开创性的工作；感谢我的硕士研究生赵爽、柴变芳、王平、白艳霞、陈富节、朱松、付婷婷、王金花、王丹青等人，他们都参与了本书的有关研究工作。另外还有一些我的其他研究生，尽管他们的研究不是本书的直接内容，但他们的研究都为本书的写作提供了许多有益的素材。

由于作者本人水平所限，本书的一些观念也许有些过时，欢迎读者批评指正。

目　　录

第 1 章 绪 论

信息检索(information retrieval，IR)这一术语最早由 Calvin N. Mooers 在 1950 年提出，它最初主要应用在图书馆文献检索方面。1954 年，美国海军兵器中心图书馆在 IBM 701 型计算机上成功建立了世界上第一个计算机文献检索系统，标志着计算机信息检索的开始。20 世纪末，随着计算机及网络技术的迅速发展，互联网成为全球最大的信息基地，信息检索也迅速成为了计算机领域和情报检索领域的研究热点，并对人们生活的各个方面都产生了积极而重要的影响。进入 21 世纪，随着 Web 2.0 技术的成熟、智能手机的普及，以及微博、微信等新媒体的迅速发展，人们获取信息的方式发生了根本性改变，客观上对信息检索技术提出了更新、更高的要求，这种需求又进一步促进了信息检索技术的发展。

1.1 国内外研究概述

信息检索的主要研究内容包括信息的表示、存储、组织和访问，其目的是让用户更容易获得所需的信息。信息检索建模及其模型评价是信息检索研究领域最重要的研究主题之一，研究者相继提出了多种检索模型。经典的信息检索模型主要包括三个：布尔模型、向量模型和概率模型[1]。

最初的信息检索系统借用了数据库系统的查询方法，采用布尔逻辑组合作为查询的条件，只能查询结构化的、精确的数据信息。由于在布尔模型中文献和查询都是用索引词集合表示，所以布尔模型又称作集合论模型[2]。1968 年，Salton 等提出了向量模型，向量模型中的文献和查询用 t 维空间的向量表示，所以向量模型又称作向量空间模型，也称为代数模型。概率模型最早出现在 1960 年，由 Maron 和 Kuhns 提出，称为第一概率模型。1976 年 Roberston 等提出了经典的概率模型[3]，称为第二概率模型。在概率模型中，用于构建文献和查询模型的机制是基于概率论的。

贝叶斯网络又称信念网络，是一种对概率关系的有向图解描述，适用于不确定性和随机性事物，是现阶段处理不确定信息的主流技术之一[4-6]。由于不确定性问题也广泛存在于信息检索领域，例如，查询只是用户信息需求的大体描述，文档的描述形式并不能完全表示文档的内容等，所以自

20世纪80年代末贝叶斯网络第一次用于信息检索[7]以来，基于贝叶斯网络的信息检索研究得到迅速发展，目前已经成为信息检索领域重要的建模技术之一。截至21世纪初，已经产生了三种主要的基于贝叶斯网络的信息检索模型，即推理网络模型、信念网络模型和贝叶斯网络模型。

贝叶斯网络第一次应用于信息检索是在20世纪80年代末。1988年，Frisse在论文"Searching for information in a hypertext medical handbook"中首次提出了利用贝叶斯网络进行信息查询的思想[8]。1990年，Turtle在他的博士论文"Inference networks for document retrieval"中提出了推理网络模型[9]，之后他在一系列论文中进一步讨论了相关问题[10~14]。1996年Indrawan等在推理网络的基础上作了一些修改，解决了他们发现的一些特定技术问题[15]。推理网络的提出突破了贝叶斯网络不能很好用于信息检索的界限，并由此产生了该领域一个重要的、至今仍然在使用的商业性软件包InQuery。推理网络模型存在的主要不足主要包括两点：一是贝叶斯网络本身存在的概率评估时间和空间开销较大，二是推理问题是一个非确定性多项式(NP)问题。

几乎和Indrawan同时，Ribeiro-Neto等于1996年提出了信念网络模型。信念网络模型提出了一个比较有效的推理机制，它实际上是一个信息检索的框架，通过合理设置参数，可以分别模拟向量空间模型和推理网络模型[16~18]。信念网络模型的另一个重要特点是，可以方便地组合不同的检索证据，从而提高信息检索的性能。Ribeiro-Neto等分别研究了组合过去查询证据、组合概念证据、组合网页链接证据等问题，都取得了较好的效果。

2003年，de Compos等设计出了基于贝叶斯网络的系列模型[19~22]，包括贝叶斯网络模型(Bayesian network retrieval model，BNR)，简单贝叶斯网络(simple Bayesian network，SBN)模型等。SBN模型考虑了文档之间关系，BNR模型使用一个灵活的拓扑结构考虑了术语关系，并通过学习算法来得到这种关系，使得信息检索更准确、全面。同时，模型还提出一种严格有效的推理方法，模型效率得到较大提高。2004年，Crestani等首次将贝叶斯网络用于结构化文档检索，提出了BN-SD(Bayesan network model for structured document retrieval)模型[23]。同年他们又将扩展的贝叶斯网络——影响图用于结构化文档检索，提出了SID(simple influence diagram)模型和CID(context influence diagram)模型[24]，也取得了成功。

国内研究人员对贝叶斯网络的研究主要包括理论和应用两个层面。在贝叶斯网络理论研究层面，刘启元等研究了贝叶斯网络的推理方法和推理算法，林士敏等研究了贝叶斯网络的学习问题，包括网络结构的学习和参数的学习。在贝叶斯网络应用层面，国内的研究很多，主要包括数据挖掘、故障诊断、预测、分类等方面，典型的如清华大学的林士敏等开展了用于数据采掘的贝叶斯网络研究[25~28]，用贝叶斯网络学习方法根据先验知识和样本数据，找出后验概率最大的贝叶斯网络；国防科技大学的李剑川、浙江大学吴欣等开展了将贝叶斯网络用于故障诊断的研究[29]，主要是根据先验知识和故障信息推断故障的位置、类别等；南京大学的周志远等开展了将贝叶斯网络用于情报检测的研究[30]，主要是利用先验知识和已有证据推测事件发生的可能性和趋势，等等。国内将贝叶斯网络应用于信息检索的研究比较少，2003 年欧洁发表的论文《基于贝叶斯网络模型的信息检索》，对贝叶斯网络检索模型作了一些改进[31]，是国内比较早的相关研究，但她的研究未涉及其他贝叶斯网络检索模型，也没有合理利用术语之间的关系，以实现对贝叶斯网络信息检索模型的扩展。

词语泛指词或词组，是一个语言学的概念。术语是在特定学科领域用来表示概念称谓的集合，在信息检索领域，用于表示查询特征的词语称为查询术语，用于表示文档特征的词语称为索引术语。同样，在表述泛指的词语之间关系在表述泛指关系时，称为词语间关系，在表述检索模型的查询术语、索引术语之间关系时，称为术语间关系。

在信息检索领域，几十年来人们提出了许多方法来发现和利用词语之间的关系，并取得了很好的效果，其中主要的词语关系包括同义关系和相关关系两种。

同义词指在检索中能够互换，表达相同或相近概念的词或词组，也包括专指的下位词和用于描述相同主题的少数反义词。如"电脑"—"计算机"、"边境"—"边防"、"图书"—"书籍"等为同义词，"网球"是"球类"的下位词，"粗糙度"是"平滑度"反义词，等等。

相关词指意义尽管不同，但词语之间有一定关联关系的词，其中最常见的包括"共现词"和"基于本体的相关词"。共现词指尽管意义不同，但在文档中经常一起出现的词，如"计算机"—"网络"、"信息"—"处理"、"毛泽东"—"思想"等。相关词之间的紧密程度可以用词语相关度衡量。多年来研究者也提出了多种相关词的发现及其关系度量方法，并得到了成功应用。

本体是共享概念模型的明确的形式化规范说明，它具有良好的概念层次结构和对逻辑推理的支持，可以通过层次网络图来表示概念，以及概念与概念之间的关联关系。利用本体中概念之间的关联关系可以得到关联词，称为本体关联词。本体关联词之间的关联强度可以用词语之间的本体关联度来度量。在本书中，本体关联词视作相关词的一种。

同义词、近义词、相关词等从语义上表达了用户的查询意图，包含这些术语的文档从一定程度上也满足了用户的要求。因此很长时间以来人们一直在研究如何将同义词、相关词等用于信息检索，以提高检索的性能。有很多研究者把叙词表应用于查询扩展[32~34]，一些研究者在查询模型中使用了术语之间的同义关系[35~38]，有些研究者将词语关系用于文本特征词提取，有些研究者利用术语间语义关系实现个性化查询，等等。关于词语关系在基于贝叶斯网络信息检索模型利用方面，在国外，2003 年，de Lourdes 等将司法叙词表的信息做为信息检索证据用于信念网络模型，2004 年，de Compos 等在其论文 "Clustering term in Bayesian network retrieval model: A new approach with two-layers" 中提出，"当使用文档索引术语之间的关系时，信息检索系统的检索性能一般可以得到提高" [39]，并在后续论文中探讨了利用术语间关系扩展贝叶斯网络检索模型的方法。在国内，本书作者及其合作者多年来主要从事相关研究。可以说，如何有效地获取术语之间的关系，如何在检索过程中合理使用这些关系来提高信息检索的性能，已经成为多年来信息检索领域的重要研究内容之一。

话题识别与追踪是近年来随着网络新媒体出现的一个研究领域，它的目的就是将杂乱的信息有效地汇总组织起来，当发现新的话题时发出警告，并对其进行及时、实时的控制和引导。话题识别与追踪的前瞻性研究来自于美国国防高级研究项目局，1996 年，在该单位的倡导组织下，相关大学和公司与其一起讨论制定了话题识别与追踪的任务划分和具体的评测方法。从 1998 年开始，美国国防高级研究项目局及美国国家标准技术研究所资助每年召开话题识别与追踪系列评测会议，采用会议推动研究的方式促进该领域的深入发展。

在话题识别与追踪模型研究方面，截至目前主要包括向量空间模型和概率模型。在国外，1998 年，Allan 等首次将向量空间模型应用于话题识别与追踪[40]，并在后续研究中对其进行了一系列改进[41,42]，Yang 等使用 Rocchio 算法改进基本的向量空间话题模型[43]；2003 年，Blei 等提出了 LDA 模型[44]，2004 年 Ma 等提出了语言模型[45]，Nallapati、Wayne、Larkey 等对语言模型提出了改进[46~48]，等等。

在国内，关于向量空间模型的研究主要有贾自艳、仓玉、徐建民、赵旭建等，将时间信息用于模型改进，宋丹等将一篇新闻报道表示为人物、时间、地点、内容四个向量，王会珍等提出了基于分类的多向量表示模型，翟海东提出基于相关性反馈的自适应话题追踪模型，周学广等提出了基于依存连接权的向量空间模型；关于概率模型的研究主要有洪宇提出语义域语言模型，廖君华等在基本 LDA 模型的基础上构建了一个网络热点话题演化分析系统，等等[49]。

1.2　本书的主要工作

1.2.1　研究思路

目前，在基于贝叶斯网络的信息检索模型中，推理网络模型、信念网络模型和贝叶斯网络模型中的简单贝叶斯网络模型，以及用于结构化文档检索的 SID 模型、CID 模型都没有考虑术语之间的关系，相关概率的计算只依赖于术语，无法实现基于语义的检索。贝叶斯网络模型中的 BNR 模型第一次提出了利用术语间关系的思想，并利用 polytree 挖掘术语间的关系，提高了模型的检索性能，但是 BNR 模型采用的传播算法耗时太多，不具备实用性。文献[21]提出了改进的 polytree 算法，将集合中的术语分为好的术语和坏的术语两个子集，polytree 中只包含好的术语。这样虽然降低了polytree 的规模，也减少了建立网络及网络推理的时间，但术语分类的算法计算量大，其实用性也不强。具有两层术语节点的贝叶斯网络检索模型(BNR-2) 利用共现频率法挖掘术语间的关系，使得模型性能得到较大提高，但是该方法只考虑了两个共现术语中的一个术语的出现次数对其相关程度的影响，计算得到的术语强度关系不够准确，且术语之间的强度关系主要依赖于被测试的集合，不能很好地处理数据稀疏问题。

信息检索领域文档大都是由索引词(标引词)表示的，用户的查询一般也由一组术语表示。一般的，当使用给定文档中术语之间的关系时，信息检索的性能会得到提高，同样，合理利用与查询术语有关联关系的词语来扩展查询，也会提升查询的效果。近十几年来合理利用术语关系的研究主要从查询术语和索引术语两个方面展开[24,35]。研究者已经提出了一些方法在信息检索模型中挖掘和使用术语之间的关系[24,32~34]，实验证明，这些工作在一定程度上提高了模型的性能。

另外，近十几年来同义词、相关词的研究取得了一定进展。出现了一系列同义词词典，如英文的《Wordnet》，中文的《同义词词林》《知网》等，为同义词的识别提供了方便。同时研究者提出了一些更为科学的、适合信息检索的术语关系量化方法，如基于《同义词词林》术语相似度计算方法，基于《知网》的术语相似度计算方法等。在相关词识别方面，提出了共现分析法、逐点互信息法等，以及一系列基于本体的词语间关系计算方法，为有效挖掘术语之间关系并将这种关系应用于基于贝叶斯网络的信息检索模型提供了可能。

此外，文本特征提取、查询扩展、文档相似度等是信息检索领域重要的研究方面，利用词语之间关系同样可以提高性能；从本质上看，话题识别与追踪可以看作广义的信息检索，贝叶斯网络模型是一种重要的信息检索模型，从理论上来讲也可以借鉴用于该领域，得到新的话题识别与追踪模型。

综上所述，本书的研究思路为：首先，针对贝叶斯网络信息检索模型存在的没有合理利用术语之间关系的缺点，利用近年来同义词、相关词的研究成果，将术语之间关系引入贝叶斯网络检索模型，以实现对原有模型的扩展，提高模型的检索性能；其次，兼顾研究将词语关系和贝叶斯网络应用到信息检索的文本特征提取、局部查询扩展和文档相似度计算等其他方面；第三，借鉴向量空间等模型成功应用于话题识别与追踪领域的经验，探索将贝叶斯网络用于话题识别与追踪。

1.2.2　主要工作

根据上述研究思路，本书从研究词语间的相似关系、相关关系入手，利用同义词、相关词及其量化方法来挖掘贝叶斯网络检索模型中术语之间的关系，利用这些关系实现相关模型的扩展，从而实现一定意义上的语义检索，有效提升相关模型的性能。同时，结合上述研究工作，开展一些测试集、特征提取，以及基于贝叶斯网络的话题识别与追踪方面的研究。具体工作内容如下：

(1)研究了小型中文测试集的构建问题。模型的评价离不开合适的测试集，根据研究工作的实际需要和国内缺少便于使用的小型测试集的现实，介绍了一个小型中文测试集构建方法，并对所构建的测试集进行了分析。

(2)研究了词语相似性问题和相关性问题。提出了相似概念、概念相似度等概念，提出了概念相似度的计算方法及其算法；分析了共现频率法存在的不足，提出一种改进方法；利用维基百科语料库中的概念间存在超链接关系和特定的概念标识，提出一种基于共现分析法改进的 PF-IBF 方法；依据近年来领域本体方面研究的成果，提出本体关联词、本体关联度的概念，并对词语之间本体关联度的计算方法进行了初步探讨。

(3)研究了利用术语关系扩展信念网络模型的方法。提出一种基于查询术语相似关系的扩展信念网络模型，一种基于改进共现频率法挖掘的术语关系，具有两层术语节点的扩展信念网络模型，以及一种组合同义词证据的信念网络检索模型。实验验证了模型的性能。

(4)研究了利用术语间同义关系扩展简单贝叶斯网络检索模型问题。提出了一种基于术语相似关系的扩展的简单贝叶斯网络模型，实验验证了模型性能；介绍了一个基于文档间相似关系扩展的简单贝叶斯网络检索模型。

(5)研究了基于贝叶斯网络的结构化文档检索模型问题。给出一种基于贝叶斯网络的 XML 文档检索模型和一种利用共现分析方法挖掘的术语关系，以及扩展的基于影响图的结构化文档检索模型。

(6)研究了词语间关系在信息检索其他方面的几个应用。提出了一种利用词语间关系改进的文本特征提取方法，一种利用术语关系改进的局部查询扩展方法，以及一种基于词语相似关系的文档相似度计算方法。

(7)将贝叶斯网络应用于话题识别与追踪。在介绍相关知识的基础上，提出基于信念网络的话题识别与追踪静态模型，以及基于信念网络的话题识别与追踪动态模型。

1.3　本书的组织结构

本文的内容共分为 11 章。

第 1 章 "绪论"。介绍相关问题国内外研究现状、本书的主要工作及本书的组织结构。

第 2 章 "信息检索模型"。主要介绍信息检索的定义，三种经典的信息检索模型——布尔模型、向量模型、概率模型，以及相关的扩展模型，并介绍结构化文档检索及常见模型，语义检索的相关概念等。

第 3 章 "检索评价与测试参考集"。在介绍常见的检索性能评价方法和目前常见的测试参考集的基础上，介绍一个小型中文信息检索测试集的构建与分析。本章内容是后续章节内容的重要研究基础。

第 4 章 "基于贝叶斯网络的信息检索模型"。首先介绍贝叶斯概率，贝叶斯网络的基本概念、理论和研究现状，在此基础上重点介绍目前常见的贝叶斯网络信息检索模型——推理网络模型、信念网络模型、贝叶斯网络模型和用于结构化文档检索的贝叶斯网络模型，给出一个用于结构化文档检索的实例。

第 5 章 "词语之间关系及其量化方法"。主要包括词语相关性及其计算和同义词及词语相似度的计算两部分。在词语相关性计算部分，分别介绍基于共现的词语相关度计算方法，基于共现分析法改进的 PF-IBF 方法，以及基于本体的相关词概念及词语间本体关联度的计算方法。在同义词及词语相似度部分，介绍常用的同义词词典和常用的词语相似度计算方法。重点介绍了基于《同义词词林》的方法和基于《Hownet》的方法。

第 6 章 "基于术语关系的信念网络模型扩展"。重点介绍两个利用术语关系扩展的信念网络模型。第一个是 "基于查询术语相似关系的信念网络扩展模型"，第二个是 "基于索引术语相关关系的信念网络扩展模型"。然后简要介绍利用索引术语的同义关系、利用索引术语间融合相关相似关系扩展信念网络模型的工作，最后介绍扩展模型的实验和性能分析。

第 7 章 "组合不同证据的扩展信念网络模型"。探讨将同义词作为查询证据用于信念网络模型的方法，讨论该方法的具体实现，验证了模型的性能。然后，介绍文献间引用关系的量化方法，和一种组合文献间引用关系，用于科技文档检索的信念网络检索模型。

第 8 章 "基于术语相似关系的简单贝叶斯网络模型扩展"。首先讨论利用同义词关系扩展简单贝叶斯网络检索模型的方法，然后讨论如何利用术语相似度来改进扩展的简单贝叶斯网络检索模型。

第 9 章 "利用术语关系扩展基于贝叶斯网络的结构化文档检索模型"。介绍结构化文档检索、影响图等相关概念，给出一种基于贝叶斯网络的 XML 文档查询模型，重点介绍利用术语间相关关系扩展的 SID 模型，并简要介绍基于术语关系扩展的 BN-SD 模型。

第 10 章 "词语关系在信息检索其他方面的应用"。分别介绍利用词语之间关系在改进文本特征提取、改进局部共现查询扩展和文档相似度计算三方面的应用。

第 11 章 "基于信念网络的话题识别与追踪模型"。首先介绍话题识别与追踪的相关知识，然后提出 "基于信念网络的话题识别与追踪静态模型" 和 "基于信念网络的话题识别与追踪模型"，给出模型的性能分析。

最后，对本书的工作做以总结，并提出下一步研究的方向。

第 2 章　信息检索模型

信息检索的核心问题是预测哪些文献与用户查询相关，哪些文献不相关。这项工作结果的优劣通常取决于所采用的排序算法。排序算法可以对检出的文献简单地排序，处在排列顶端的文献被认为最可能与用户查询相关，排在后面的则被认为相关度不高。所以排序算法是信息检索系统的核心，不同的一组假设形成了不同的信息检索模型。

2.1　信 息 检 索

2.1.1　信息检索的定义

信息检索(information retrieval，IR)是指将信息按一定的方式组织和存储起来，并根据用户的需要找出有关信息的过程，所以全称又叫做"信息的存储与检索(information storage and retrieval)"。信息检索包含信息的存储、组织、表现、查询、存取等多个方面，其核心为信息的索引和检索[50]。

信息检索系统最初主要应用于图书馆，按照一定的模型和方法，对图书、期刊等文献资料进行分类、编目、查找等操作。随着计算机技术，尤其是计算机网络的发展，利用计算机进行信息检索已经逐步成为信息检索的主要方式。信息检索的基本过程如图 2.1 所示。

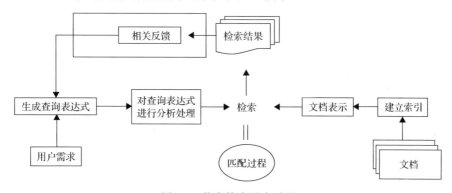

图 2.1　信息检索基本过程

用户提交查询请求后，系统为用户的查询生成查询表达式，然后对查询表达式进行分析处理，产生检索系统的查询语言。在后台，系统通过索引器对文档集建立索引，并生成文档表示。查询语言和文档表示形成一个匹配过程，产生检索结果。为提高检索效率，有时系统会通过一个相关反馈机制，调整查询表达式，从而使检索结果更加符合用户的需求[51]。

2.1.2　信息检索模型

信息检索模型的形式化定义[52]如下：

定义　2-1（信息检索模型）　信息检索模型是一个四元组 $\{D, Q, F, R(q_i, d_j)\}$，其中：

(1) D 是文档集中的一组文献逻辑视图，称为文献的表示；

(2) Q 是一组用户信息需求的逻辑视图，称为查询；

(3) F 是一种机制，用于构建文献表示、查询及它们之间关系；

(4) $R(q_i, d_j)$ 是排序函数，该函数输出一个与查询 $q_i \in Q$ 和文献表示 $d_j \in D$ 有关的实数，这样就在文献之间根据查询 q_i 定义了一个顺序。

建立一个检索模型，首先要考虑文档的逻辑视图和用户的信息需求，之后可以构造一个模型框架，这种框架同时应具备构建排序函数的功能。

信息检索的经典模型认为，每篇文档都可以用一组有代表性的关键词，即索引术语集合来描述。索引术语（index term）是文档中的词语，其语义可以帮助理解文档的主题。索引术语通常由名词构成，因为名词本身具有语义，人们能够比较容易地理解它的意思。只是在某些网页上的全文检索系统中，才可能将文档中每个不同的词都作为索引术语。

但是，并不是文档中所有的术语都能用来描述文档的内容。例如，假定存在一个具有 10 万篇文档的集合，有一个词出现在每一篇文档中，显然该词不能作为索引术语，因为它并不能确切地表示出集合中的哪些文档是用户感兴趣的，而如果一个词只出现在其中的 5 篇文档中，那么用它就非常合适作为索引术语，因为这个词可以比较准确地把这 5 篇文档从 10 万篇文档的集合中区分出来。所以用来描述文档内容的索引术语必须是和文档内容密切相关的。通常通过为每一篇文档中的索引术语定义一个权值（weight）来描述这种相关程度，称为索引术语的权重。

假设 d_j 表示一篇文档，k_i 表示文档 d_j 的一个索引术语，$w_{ij} \geqslant 0$ 为文档 d_j 的索引术语 k_i 的权值（对于没有出现在文档中的索引术语，其权值 $w_{ij} = 0$），t 是索引术语的数目，$T = \{k_1, k_2, \cdots, k_t\}$ 是所有索引术语的集合，则文档 d_j 可以用索引术语向量 $\boldsymbol{d}_j$ 表示：$\boldsymbol{d}_j = (w_{1j}, w_{2j}, \cdots, w_{tj})$。此外，可以定义函数 g_i 用以返回任何 t 维向量中索引术语 k_i 的权值，即 $g_i(\boldsymbol{d}_j) = w_{ij}$。

2.2　经典信息检索模型

经典的信息检索模型主要包括三种：布尔模型、向量模型和概率模型。

2.2.1　布尔模型

布尔模型是基于集合论和布尔代数的一种简单检索模型。由于集合的概念非常直观，布尔模型提供了一个信息检索用户比较容易掌握的框架。

布尔模型的索引术语只有两种状态：出现或者不出现在某一篇文档中，这样就导致了索引术语的权重都表现为二元性，即 $w_{ij} \in \{0,1\}$。查询串 q 是一个基于索引项的布尔表达式，可以表示为多个合取分量的析取，即析取范式（disjunctive normal form，DNF）。布尔表达式使用的布尔运算一般包括非（not）、与（and）、或（or）。有时系统采用"减"操作来代替"非"操作。

假设 q_{DNF} 是 q 的析取范式，进而假设 $c(q)$ 是 q_{DNF} 的任意合取分量，文档 d_j 与查询串 q 的相关度定义为

$$Sim(d_j, q) = \begin{cases} 1, & \exists c(q) \,|\, c(q) = c(d_j) \\ 0, & \text{其他} \end{cases} \tag{2-1}$$

如果 $Sim(d_j, q) = 1$，布尔模型表示查询串 q 与文档 d_j 相关，否则就表示与文档 d_j 不相关。

布尔模型的主要优点在于模型简单、形式简洁，因此在开始的几年引起了人们的广泛关注，并且在早期的许多商业书目系统中得以采用，目前仍然是商业性文档数据库系统的主流模型。它的主要缺陷如下：

（1）它的检索策略是基于二元判定标准的，文档要么相关，要么不相关，没有级别的变化，难以提高检索性能。

（2）尽管布尔表达式有确切的语义，但通常很难将用户的信息需求转换成布尔表达式。

（3）布尔模型的检索结果无法按用户定义的重要性排序输出。

2.2.2　向量空间模型

向量空间模型[53~56]解决了布尔模型只有二元权重的局限性，给出一个适合部分匹配的框架。它为查询术语和文档索引术语分配了非二元权重，这些术语权重可以用来计算文档集合中的每篇文档与用户查询的相关度，并将查询结果集按相关度降序排列，所以向量模型查询得到的文档与用户

查询是部分匹配。这样做的优点是，结果集内文档的排列顺序要比布尔模型返回的结果集更加符合用户提出的检索需求。

对于向量模型，二元组 $\{k_i, d_j\}$ 的权重 w_{ij} 是准确的、非二元的。文档 d_j 可以表示为向量 $\boldsymbol{d}_j = (w_{1j}, w_{2j}, \cdots, w_{tj})$。更进一步，查询中的术语也被赋予权重 w_{iq}，$w_{iq} \geqslant 0$，这样，查询就可以表示为一个向量 $\boldsymbol{q} = (w_{1q}, w_{2q}, \cdots, w_{tq})$，$t$ 表示索引术语的数目。

如图 2.2 所示，在向量模型中，可以通过向量 $\boldsymbol{d}_j$ 和 $\boldsymbol{q}$ 之间的相似性来评价文档 d_j 和查询 q 的相似程度。这种关系可以定量表示，一般用这两个向量之间夹角的余弦值来计算，即

$$Sim(d_j, q) = \frac{\boldsymbol{d}_j \cdot \boldsymbol{q}}{|\boldsymbol{d}_j| \times |\boldsymbol{q}|} = \frac{\sum_{i=1}^{t} w_{ij} \times w_{iq}}{\sqrt{\sum_{i=1}^{t} w_{ij}^2} \times \sqrt{\sum_{i=1}^{t} w_{iq}^2}} \tag{2-2}$$

其中，$|\boldsymbol{d}_j|$ 和 $|\boldsymbol{q}|$ 是文档和查询向量的模；"·" 表示向量内积。元素 $|\boldsymbol{q}|$ 并不影响排序结果，因为对于同一个查询来说，它对文档集合中所有的文档都是一样的。

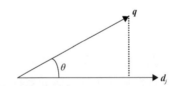

图 2.2　$Sim(d_j, q)$ 中两向量夹角的余弦

一般的，需要对查询术语权重进行规范化处理，通过规范化使得术语权重满足 $0 \leqslant w_{ij} \leqslant 1$，$0 \leqslant w_{iq} \leqslant 1$，从而满足 $Sim(d_j, q) \in [0,1]$。这样，向量模型可以根据查询的相关度来对文档进行排序。因此即使有的文档只是部分匹配查询，只要它相对于查询具有较高的相关度，也会被返回。

几十年来，研究者提出了很多种术语权重算法，其中最流行的为 TF-IDF 方法，本书将在第 10 章介绍有关内容。

向量模型的优点在于：

(1)结构简单、适应性强，目前仍是使用最为普遍的检索模型；

(2)术语权重的算法提高了检索的性能，部分匹配的策略使得检索的结果能更好满足用户的检索需求；

（3）可以根据文档与查询之间的相似度对文档进行排序，显示结果更符合用户要求。

然而向量模型在理论上讲也存在着不足，主要是索引术语被认为彼此之间相互独立，没有合理利用术语之间的关系，也没有利用文档之间的语义关系，无法实现基于语义的检索。

2.2.3　概率模型

概率模型[57,58]通过估计文档和用户查询条件的相关概率对文档进行排序。在概率模型中，给定用户查询 q，假定 R 是相关文档集，$\bar{R}$ 是 R 的补集（非相关文档的集合）。$P(R|d_j)$ 表示文档 d_j 与查询 q 相关的概率，$P(\bar{R}|d_j)$ 表示文档 d_j 与查询 q 不相关的概率。文档 d_j 对于查询 q 的相关度定义为

$$Sim(d_j,q) = \frac{P(R|d_j)}{P(\bar{R}|d_j)} \qquad (2\text{-}3)$$

根据 Bayesian 定理：

$$Sim(d_j,q) = \frac{P(d_j|R) \times P(R)}{P(d_j|\bar{R}) \times P(\bar{R})} \qquad (2\text{-}4)$$

其中，$P(d_j|R)$ 代表从相关文档集合 R 中随机选取文档 d_j 的概率；$P(R)$ 表示随机选取的文档和查询条件相关的概率；$P(d_j|\bar{R})$ 为从不相关文档集 $\bar{R}$ 中选取任意文档 d_j 的概率；$P(\bar{R})$ 表示随机选择的文档和查询条件不相关的概率。

因为对于文档集合中所有的文档 $P(R)$ 和 $P(\bar{R})$ 是相同的，所以，

$$Sim(d_j,q) \approx \frac{P(d_j|R)}{P(d_j|\bar{R})} \qquad (2\text{-}5)$$

假设索引术语是相互独立的，则

$$Sim(d_j,q) \approx \frac{\prod\limits_{g_i(D_j)=1} P(k_i|R) \times \prod\limits_{g_i(D_j)=0} P(\bar{k}_i|R)}{\prod\limits_{g_i(D_j)=1} P(k_i|\bar{R}) \times \prod\limits_{g_i(D_j)=0} P(\bar{k}_i|\bar{R})} \qquad (2\text{-}6)$$

其中，$P(k_i|R)$ 表示集合 R 中随机选取的文档中出现索引术语 k_i 的概率；

$P(\bar{k}_i \mid R)$ 表示集合 R 中随机选取的文档中不出现索引术语 k_i 的概率；类似可定义 $P(k_i \mid \bar{R})$、$P(\bar{k}_i \mid \bar{R})$。采用对数的方法，根据 $P(k_i \mid R) + P(\bar{k}_i \mid R) = 1$，最后可以得到

$$Sim(d_j, q) \approx \sum_{i=1}^{t} w_{iq} \times w_{ij} \times \left(\log_2 \frac{P(k_i \mid R)}{1 - P(k_i \mid R)} + \log_2 \frac{1 - P(k_i \mid \bar{R})}{P(k_i \mid \bar{R})} \right) \quad (2\text{-}7)$$

式(2-7)是在概率模型中计算相关度的一个主要表达式。

由于在开始时并不知道集合 R，因此通常需要设计一个初始化计算 $P(k_i \mid R)$ 和 $P(k_i \mid \bar{R})$ 的算法。一种简单的算法如下：

(1)假定 $P(k_i \mid R)$ 对所有的索引术语 T_i 来说是常数(一般等于 0.5)，即

$$P(k_i \mid R) = 0.5 \quad (2\text{-}8)$$

(2)假定索引术语在非相关文档中的分布可以由索引术语在集合中所有文档中的分布来近似表示，则有

$$P(k_i \mid \bar{R}) = \frac{n_i}{N} \quad (2\text{-}9)$$

其中，n_i 表示出现索引术语 T_i 的文档数目；N 是集合中总的文档数目。

概率模型的主要优点在于，文档根据它们相关的概率按递减的顺序排列。其缺点是：

(1)需要最初把文档分成相关的集合和不相关的集合；

(2)没有考虑索引术语在文档中出现的频率，即所有的权值都是二值的；

(3)与向量模型一样，没有考虑索引术语之间关系，也没有考虑文档之间的语义关系。

2.2.4　经典模型的简单比较

一般而言，布尔模型被认为是效果最差的经典模型，这主要是它不能识别文档和查询条件之间的部分匹配，从而导致其检索性能较差。概率模型和向量模型孰优孰劣至今学术上仍存在一些争论。Croft 做了一些试验并指出概率模型能产生较好的效果；然而，Salton 和 Buckley 所作的试验反驳了这种说法。通过若干不同实验，Salton 和 Buckley 指出：对于一般集合，向量模型比概率模型检索效果更佳。

表 2.1 给出了三种经典模型之间的一些比较[59,60]。

表 2.1　经典模型之比较

	布尔模型	向量空间模型	概率模型
理论基础	集合理论	代数理论	概率论
相关性文档判断	二元无序	非二元有序	非二元有序
系统实现难度	简单	简单	较难
部分匹配支持	不支持	支持	支持
学术研究状态	不活跃	活跃	活跃
学术代表系统	无	SMART	INQUERY
商业运用状况	采用	常采用	采用

2.3　经典信息检索模型的改进

众多研究者们在实践中认识到了上述三种经典信息检索模型的不足，相继提出了多种改进方法，如扩展布尔模型、模糊集模型、广义向量模型、潜在语义索引模型、BM25 模型、语言模型、贝叶斯网络模型等。

2.3.1　扩展布尔模型

为了克服传统布尔模型存在的不支持索引项权重、不支持检索结果排序等不足，1983 年 Salton 等提出了扩展的布尔模型[61]。基本原理如下。

首先考虑文本集中每篇文本仅由两个标引词 t_1 和 t_2 标引的情况。t_1 和 t_2 都赋有权重，权重范围为[0,1]。权值越接近 1，说明该词越能反映文本的内容，反之，越不能反映文本的内容。在 Salton 给出的模型中，上述情形用平面坐标系上某点代表某一文本和用户给出的检索式，如图 2.3 所示。

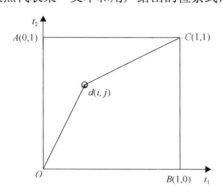

图 2.3　扩展布尔模型示意图

图中，横坐标用 t_1 表示，纵坐标用 t_2 表示，则 $A(0,1)$ 表示 t_1 权重为 0，t_2 权重为 1 的文本，$C(1,1)$ 表示 t_1、t_2 均为 1（$t_1 \wedge t_2 = 1$）的文本，$B(1,0)$ 表示

t_1 权重为 1，t_2 权重为 0 的文本。同理，用户给出检索式后也可用四边形 $OACB$ 中某一点表示。对于索引术语 t_1 权重为 ω_i、t_2 权重为 ω_j 的文档 $d(i,j)$，则对应四边形 $OACB$ 中的一个点。

对于查询 $q=t_1 \vee t_2$，传统模型中 ABC 三点是满足查询要求的点，O 点不满足条件，因而对于某一文档 $d(i,j)$，在扩展布尔模型中可以把它到 O 点的距离作为衡量该文档与查询 q 相关程度的标准。距离越大，表示该文档越能满足查询要求。于是有

$$Sim(q_{\mathrm{or}}, d(i,j)) = \sqrt{\frac{i^2 + j^2}{2}} \qquad (2\text{-}10)$$

对于查询 $q=t_1 \wedge t_2$，传统布尔模型中只有 C 点是满足查询要求的点，则可以用文档到 C 点的距离来衡量某一文档 $d(i,j)$ 与查询 q 的相似度，即可以用式 (2-11) 来计算文档和查询的相似度。

$$Sim(q_{\mathrm{and}}, d(i,j)) = 1 - \sqrt{\frac{(1-i)^2 + (1-j)^2}{2}} \qquad (2\text{-}11)$$

上述公式可以推广到具有 n 个索引项的情况，即用 n 维空间上的欧几里得距离来计算文档和查询的相似度。

可以看出，扩展的布尔模型解决了文档与查询相关度要么是 1，要么是 0 的问题。

2.3.2　广义向量空间模型

传统向量空间模型假定索引术语之间是两两正交的，为解决这种不足，1985 年 Wong 等提出了广义向量空间模型。在广义向量空间模型中，索引术语之间尽管相互独立，但不是两两正交的。其基本原理如下：

(1) 对于给定文档集的索引术语集 $(k_1, k_2, \cdots, k_t)$，定义一组最小项与之对应，即

$$
\begin{aligned}
&\quad\quad (k_1, \;\; k_2, \;\; \cdots, \;\; k_t) \\
&m_1 = (0, \;\; 0, \;\; \cdots, \;\; 0) \\
&m_2 = (1, \;\; 0, \;\; \cdots, \;\; 0) \\
&m_3 = (0, \;\; 1, \;\; \cdots, \;\; 0) \\
&\quad\quad\quad \cdots\cdots \\
&m_{2^t} = (1, \;\; 1, \;\; \cdots, \;\; 1)
\end{aligned}
$$

显然，文档集中的任何一个文档都可以用一个最小项或者最小项的合

取表示。

(2) 上述 2^t 个最小项，每一个最小项定义一个最小项向量与之对应，即

$$1, 2, \cdots, 2^t$$
$$\boldsymbol{m}_1 = (1, 0, \cdots, 0)$$
$$\boldsymbol{m}_2 = (0, 1, \cdots, 0)$$
$$\cdots\cdots$$
$$\boldsymbol{m}_{2^t} = (0, 0, \cdots, 1)$$

对所有 $i \neq j, \boldsymbol{m}_i \cdot \boldsymbol{m}_j = 0$，也即最小项向量的集合是正交的，那么，向量 $\boldsymbol{m}_r$ 的集合可以看作是广义向量空间模型的正交基。

(3) 索引术语之间的关联性可以通过最小项向量来得到。例如，向量 $\boldsymbol{m}_4$ 对应的最小项 $m_4 = (1, 1, \cdots, 0)$，表示了文档集中包含索引术语 k_1 和 k_2 但不包含其他索引术语的文档。也就是说通过最小项 m_4 实现了索引术语 k_1 和 k_2 的关联，这种关联实际上是一种共现关联。

考虑索引术语 k_i 的索引项向量 $\boldsymbol{k}_1$，可以定义

$$k_i = \frac{\sum\limits_{\forall r} on(i, m_r) c_{i,r} \boldsymbol{m}_r}{\sqrt{\sum\limits_{\forall r} on(i, m_r) c_{i,r}^2}} \tag{2-12}$$

其中，$c_{i,r} = \sum\limits_{d_j | c(d_j) = m_r} w_{i,j}$，$w_{i,j}$ 为术语权重。函数 on 定义为

$$on(i, m) = \begin{cases} 1, & k_i \in m_r \\ 0, & \text{其他} \end{cases}$$

于是，可以用内积 $\boldsymbol{k}_i \cdot \boldsymbol{k}_j$ 来量化索引术语 $\boldsymbol{k}_i$ 和 $\boldsymbol{k}_j$ 之间的相关程度。在传统向量空间模型中，文档 d_j 表示为 $\boldsymbol{d}_j = \sum\limits_{\forall i} w_{i,j} \boldsymbol{k}_i$，查询 q 表示为 $q = \sum\limits_{\forall i} w_{i,q} \boldsymbol{k}_i$；广义向量空间模型中，首先可以用式 (2-12) 将这些表示转换为向量 $\boldsymbol{m}_r$，然后利用标准余弦函数得到 d_j 和 q 的相关度。

2.4　结构化文档检索模型

2.4.1　结构化文档检索的概念

1. 结构化文档的概念

类似教科书、科技文献、技术手册等文档通常有两个特征：一方面需

要通过一些术语来描述文档的内容，另一方面需要有良好的结构来组织这些内容，以便使用者很好地理解。如教科书不仅包含了内容，还包含了目录、章节等，科技文献包含了标题、摘要和多个章节。类似这类能够通过文档表示方法同时表示出内容和结构的文档被称为结构化文档。

与传统文本文档不同，结构化文档一般要利用一种标记语言来描述文档的结构，如近年来常用的 SGML（标准通用标记语言）、HTML（超文本标记语言）和 XML（可扩展标记语言）等，都是结构化文档的表示语言。随着互联网的普及和标记语言的发展完善，结构化文档已经变得非常普遍。

2. 结构化文档检索

结构化文档检索和传统的文本文档检索主要有以下不同[62,63]：

(1)检索功能不同。结构化文档检索既需要实现结构检索，也需要实现内容检索。结构检索允许用户检索包含一定结构的文档，例如，可以检索"所有在作者标注中包含地址的文档"，所有在标题中包含"信息检索"的文档等；内容检索即传统的信息检索。但是在结构化文档检索中，内容检索可以实现类似于查找"在作者项中包含'张三'"这样的检索，而在传统文档检索中只能实现查找包含"张三"文档的检索。

(2)返回结果不同。在传统文档检索中返回的结果是整个文档，而在结构化文档检索中返回的一般是结构单元。这是因为，在传统的信息检索中可检索到的单元是固定的，只有整个文档或者有时是一些提前定义的部分构成可检索的单元，文档的结构并没有被利用。在很多情况下，实际上的文档结构是复杂的，尤其是类似于教科书和技术手册这样的文档，通常由大量的章、节、段等组成，但用户所需要的也只是文档中的一部分信息。这时如果采用传统的信息检索方法，检索系统提供给用户整个文档，则用户需要浏览很长时间才能得到相关的答案，这显然是不合理的。

例如，用户查询一个数学公式，检索系统若把包含该公式的整本书提交给用户，用户需要浏览大量无关信息才能找到自己需要的内容，这样的检索结果用户不会满意。用户真正希望得到的是书中包含这个公式及对于理解这个公式有用的一些辅助信息的特定部分。这时，合理的检索结果显然是返回包括该公式的部分单元，而不是整个文档。

结构化文档检索是信息检索领域一个比较新的研究方向。

2.4.2　结构化文档检索模型

在 20 世纪 80 年代末期以后，信息检索界陆续提出了一些基于结构和内容的文档检索模型，本章介绍基于非重叠链表(non-overlapping list)的模型[64]和基于邻近节点(proximal node)的模型[65]，在第 4 章介绍基于贝叶斯网络的模型。

1) 基于非重叠链表的模型

基于非重叠链表的结构化文档检索模型是 Burkowski 在 1992 年提出的，该方法将文档的整个文本划分成若干个非重叠的文本区域，并用链表连接起来。由于将文本划分成非重叠区域的方法有多种，可以构建一个文档中所有章的链表，也可以构建一个文档中所有节的链表，抑或构建一个包含文档中所有的子节的链表，等等，所以一篇文档可能会产生多种链表。这些链表彼此间独立，并且有不同的数据结构。但是，尽管同一个链表中的文本区域不会重叠，但不同链表中的文本区域可能会重叠。

图 2.4 给出了同一文档中的 4 种不同的链表。

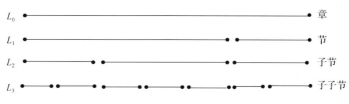

图 2.4　通过 4 个独立的索引链表来表示文档的结构

为了对索引术语和文本区域进行检索，需要为每个链表构建一个独立的倒排索引。在这个倒排索引中，每个结构单元作为索引中的一个项，与每个项相关的是一个文本区域的链表，表示文本区域在哪些文档中出现，这样利用链表就表示了文档的结构。此外，为了表示文档的内容，还需将这些链表与传统的倒排文档合并。

2) 基于邻近节点的模型

Navarro 和 Baeza-Yates 提出在相同文档上定义独立分层的索引结构。每个索引都有严格的层次结构，即由章、节、段、页、行所组成，这些结构单元通常称之为节点，每个这样的节点都与一个文本区域相关。图 2.5 给出了一个具有 4 个层次的层次索引结构，它们分别对应于同一篇文档中的章、节、子节和子子节。在这个层次结构中，每个节点指明了结构化单元在文本中的位置。

对于用户查询而言，查询语言的某些限制性表达，允许首先搜索出那些与查询中指定的术语相匹配的结构单元，然后判定哪些单元满足查询的结构部分的要求，这样可以提高检索过程的效率。

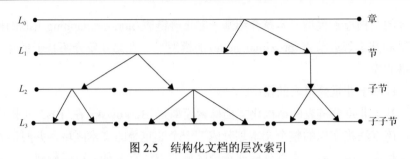

图 2.5　结构化文档的层次索引

例如，查询包含术语"计算机"的所有节、子节和子子节。处理查询可能有两种不同策略。

策略一：遍历倒排列表，查找"计算机"，找出相应的在倒排列表中的"计算机"索引项，它指出了文本中术语"计算机"出现的位置。然后搜索层次索引，寻找包含该术语的节、子节和子子节。

策略二：对于链表中"计算机"的第一个项，自上而下遍历层次结构，直到找不到匹配的串，或者是到达层次的最底端。最后匹配到的单元是最内层的匹配单元。一旦首次查找完毕，并不对倒排列表中的其他项进行重复的工作，而是检验最内层的匹配单元是否与链表中的第二项相匹配，如果匹配，则层中该单元以上的较大的结构单元也匹配；然后处理链表中的第三个项，如此下去。因为这种策略每次只需要搜索层次结构中的相邻节点，所以称之为邻近节点模型。

近年来对结构化文档检索的研究逐步集中在 XML 文档检索上，这主要基于两点理由：①随着 XML 越来越流行，对 XML 文档的检索要求也变得紧迫；②原来对于无标记的文档(纯文本)的结构化检索面临篇章结构分析的难题，而 XML 文档的自描述性可以跨越这个障碍[66]。

2.5　语义检索

信息检索方法按其匹配方式可分为两种：一种是传统基于关键词(索引术语)字面匹配方式的检索方法，一种是近年来正在研究的，基于语义分析概念匹配方式的检索方法。前面介绍的布尔模型、向量空间模型、概率模型及结构化文档检索模型等都是基于关键词的检索方法，因为这些模型都假设索引术语是相互独立的。

传统基于关键词匹配的检索方法仅用单一的词或词的组合来对网络信息资源进行检索，缺乏知识的理解和处理，因而返回的结果在查全率和查准率上都无法满足检索者的需求。词汇描述差异性与词之间关系模糊问题是传统 IR 方法所面临的主要问题。

1) 词汇描述差异性问题[67]

索引和检索的不确定性是 IR 系统中的一个重要问题。在传统的检索模型中，索引术语列表用于文档索引。即使是受过良好训练的索引人员也可能为同一个文档赋予不同的术语作为文档索引，而不同的检索者更是可能用不同术语表达同一个检索请求，或者使用同一个检索词表达不同的检索需求。因此，索引者和检索者所使用的词语总是难以精确匹配，从而严重影响了查准率。其本质原因在于没有从语义理解的角度考虑文档与词语的意义。为了解决词汇差异问题，语义检索用概念匹配取代传统的字面匹配，以此发展出一种更加接近人们思维的检索技术，改善检索系统的检索效果。

2) 词之间关系模糊问题[68]

在传统的信息检索中，索引术语列表用于描述信息对象的内容。索引术语列表是一系列独立的词组，没有描述这些词组之间的任何语义关系。因此，基于关键词的信息检索系统不具备智能分析联想能力。检索者输入的查询词稍有偏差，检索系统就无法确定检索者的真正需要，因而无法提交正确的结果。而语义检索具有分析和理解自然语言的能力，可以实现扩展检索、联想检索，突破了传统的基于关键词的 IR 单一模式，实现了概念层次上的匹配检索和扩展。

在传统的手工信息检索领域，词表是用以提高检索效率的有效工具。用计算机检索系统进行自动化的语义检索，使用词表仍然是一种有效的辅助手段。虽然提高检索效率的方法还有很多，如查询扩展(query expansion)、相关度反馈(relevance feedback)等，但是使用词表可以向用户提供其检索词的同义词、近义词或与查询主题相关的其他词汇作为记忆引发机制，词汇差异问题由此可以得到一定的控制，查全率随之提高。在计算机检索系统中通常有两种使用词表的途径。

(1) 利用现有词表。

许多研究团体把现有词表和字典编入计算机检索系统作为检索辅助手段，向检索中的用户建议可供选择和替换的检索词。虽然这些工具为用户提供了检索词建议，但它们的缺陷在于对索引者和编制词表的领域专家有着极高的知识和认知要求。由于现在科技发展迅猛，新信息和新术语层出不穷，使得这种要求变得越发困难和不现实。

(2) 自动词表生成。

自动词表生成保留了词表辅助检索的优势，同时大大减少了手工编制词表的工作量。已经有许多研究者提出了各种自动词表生成的算法，大多数方法采用静态的共现分析算法来计算词语之间的相关性系数。

2.6 本章小结

  信息检索建模是信息检索领域最重要的研究内容之一。本节在介绍信息检索概念和过程的基础上，重点介绍了三种经典的信息检索模型：布尔模型、向量空间模型、概率模型，以及它们的一些改进模型，然后介绍了结构化文档检索有关的模型和语义检索的概念。本章的内容是后续研究的重要基础。

第3章 检索评价与测试参考集

评价一个信息检索模型的优劣需要一定的评价标准，最常用的系统性能指标主要包括时间和空间两个方面。一般来说，系统的响应时间越短，占用空间越少，系统就越有效。但是对于信息检索系统而言，除了时间和空间测度之外，还需要对检索结果的准确度进行评价，这种评价称为检索性能评价(retrieval performance evaluation)，简称检索评价。检索评价需要在统一的测试文档集合上进行，这个文档集合称为测试参考集。

3.1 检 索 评 价

对于信息检索系统而言，由于用户查询请求和文档表示都具有不确定性，检索出的结果往往并不能完全符合用户的期望。一般来说，检索结果中可能还包含非相关文档，而有些相关文档也可能并没有检索出来，所以要对检索结果按照其满足用户需求的程度进行排序，并对排序后的检索结果集进行评价。这种评价称为检索性能评价。

信息检索系统的性能评测方法一般要基于一个选定的测试参考集和选定的测试算法。测试参考集包括测试文档集、查询条件集和相关文档集。相关文档集由与查询条件对应的相关文档组成，通常根据查询条件集中的每一个查询条件由人工构造而成。

检索性能评价还与检索任务有关，检索任务一般分为三种形式：批处理方式、交互方式和二者混合方式。由于批处理和交互查询是两种截然不同的处理方式，对它们的评价也存在着区别。另外，在具体评价时还需考虑环境因素，实验环境下的评价与现实环境下的评价往往大相径庭。

早期基于计算机信息检索系统的检索性能评价主要是采用批处理模式下的实验室方式。到了20世纪90年代，人们则更加关注现实环境中的评价。尽管如此，实验室评价仍占主要地位，主要是因为研究人员认为在实验室环境下具有良好的可重现性和可扩展性。鉴于以上原因，本书只讨论实验室环境下的批处理方式的实验评估方法。

3.1.1　查全率与查准率

对于某个测试参考集，给定查询实例 Q，设与 Q 相对应的相关文档集为 R，$|R|$ 表示相关文档集中的文档数目。假定用给定的检索策略对 Q 进行处理，其返回的结果文档集为 A，$|A|$ 表示该结果文档集中文档的数目，并设 $|Ra|$ 表示文档集合 R 和集合 A 交集中的文档数目，如图 3.1 所示。

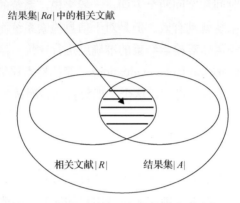

图 3.1　给定查询实例的查准率和查全率

1) 查全率

查全率定义为检出的相关文档数与相关文档总数的比值。

$$Recall = \frac{|Ra|}{|R|} \tag{3-1}$$

2) 查准率

查准率定义为检出的相关文档数与检出文档总数的比值。

$$Precision = \frac{|Ra|}{|A|} \tag{3-2}$$

3) 查全率/查准率曲线

从上面的定义可以看出，查全率和查准率是以"结果集 A 中的所有文献都已进行了检索"为假设的。然而，系统一般不会一次性地将结果集 A 中的所有文档呈现给用户，而是先对 A 中的文献根据相关度排序，然后用户从第一篇文献开始对这个排序进行检查。在这种情况下，查准率和查全率会随着用户对 A 的检索过程而变化，为此引入查准率/查全率曲线的概念。

所谓查准率/查全率曲线是指根据标准查全率(0%, 10%, 20%, 30%, 40%, 50%, 60%, 70%, 80%, 90%, 100%)计算出的相应查准率而绘制的曲线。下面举例说明该曲线的绘制方法。

设有查询 Q，并设 Q 相对应的相关文档集为 R={d1, d5, d9, d37, d44, d56, d73, d78, d85, d121}，|R|=10。Q 的结果文档集 A 的排序结果为{d85, d101, d49, d44, d66, d57, d9, d18, d124, d97, d37, d40, d16, d27, d1}，|A|=15，其中与 Q 相关的文档用黑点标出，则：

(1)排在第一位的 d85 是相关的，此时 10 篇相关文档中有 1 篇被检出，故查全率为 10%，因为只检出了 1 篇，且它是相关的，故查准率为 100%。

(2)排在第四位的 d44 是相关的，此时查全率为 20%，查准率为 50%。

(3)依次地，当 d9、d37、d1 出现时，其对应的查全率/查准率分别为：30%/43%、40%/36%和 50%/33%。

由于并未检查所有的相关文档，故查全率大于 50%时对应的查准率为 0。

根据以上数据，绘出的查全率/查准率曲线如图 3.2 所示。

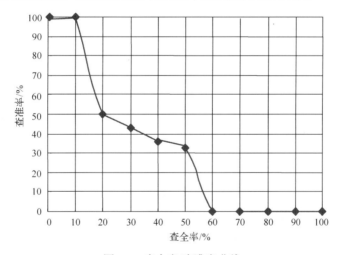

图 3.2 查全率/查准率曲线

4)插补查准率

考虑到一个查询的查全率不一定恰恰是标准值，如当|R|=8 时，检出第一篇相关文档的查全率为 1/8，第二篇为 2/8，无法与标准查全率对应。解决该问题的一般方法是采用插补法。

设 r_j 为第 j 个标准查全率的一个参量，则第 j 个标准查全率对应的插补查准率定义为

$$P(r_j) = \max_{r_j \leqslant r \leqslant r_{j+1}} P(r) \tag{3-3}$$

即第 j 个标准查全率对应的插补查准率为介于第 j 个和第 $j+1$ 个标准查全率之间的任意一查全率所对应的最大值。

例如，设 $R=\{d3, d9, d27\}$，$A=\{d1, d3, d5, d7, d9, d20, d21, d26, d27\}$，当检索出 $d3$ 时，查全率为 33%（3 个相关文档检出 1 个），这时查准率为 50%（检出的 2 个文档中有 1 个相关）；检出 $d9$ 时，查全率为 66%，查准率为 40%；检出 $d27$ 时，查全率为 100%，查准率为 33%。根据插补法得到的查全率/查准率如表 3.1 所示。

表 3.1 插补查全率/查准率

标准查全率/%	0	10	20	30	40	50	60	70	80	90	100
插补查准率/%	50	50	50	50	40	40	40	33	33	33	33

所对应的查全率/查准率曲线如图 3.3 所示。

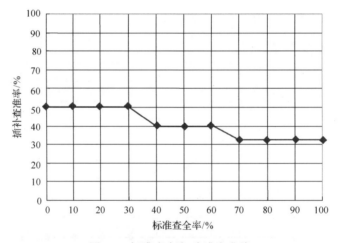

图 3.3 标准查全率/查准率曲线

5) 平均查准率

上面例子中查全率/查准率都是针对一个查询的，然而实际上需要执行多个不同的查询来评估检索算法，在这种情况下，每个查询都将对应不同的查全率/查准率曲线。为了评价某一算法对所有的测试查询的检索性能，可以对每个查全率水平下的查准率进行平均化处理，称为平均查准率。

$$\overline{P}(r) = \sum_{i=1}^{N_q} \frac{P_i(r)}{N_q} \tag{3-4}$$

其中，N_q 是使用的查询总数；$P_i(r)$ 是查询为 r 时，第 i 个查询的查准率。

有了平均查全率/查准率就可以绘制出相对应的曲线，这种根据平均查全率/查准率绘制出的曲线称为平均查全率/查准率曲线。

尽管查全率/查准率是目前最为广泛使用的检索算法评价指标，但研究发现它仍存在一些问题。

(1)最大查全率的合理估计一般需要了解集合中的所有文献，对于大型文献集来说这是难以实现的。

(2)查准率和查全率是相互关联的测度，在很多情况下结合起来形成统一的测度可能更合适些。

(3)它们都是批处理模式下检索性能的测试，而现代计算机网络环境下的信息检索系统一般允许用户交互反馈，因而对于现代信息检索系统来说有某些缺陷。

(4)查全率和查准率都是二元指标，检索出的文档要么相关，要么不相关，但实际上，一篇文档与查询的相关度往往具有程度的变化。

(5)用户更希望最相关的文档排在前面，他们关注的往往也是排在前面的文档，所以排在很靠后的相关文档一般价值度不高。

3.1.2　其他测度方法

为了克服查准率/查全率方法的不足，人们提出了一些其他替代方法。

1)调和平均

调和平均(harmonic mean)定义如下：

$$H(j) = \frac{2}{\dfrac{1}{r(j)} + \dfrac{1}{p(j)}} \tag{3-5}$$

其中，$r(j)$ 和 $p(j)$ 分别是在排序后的检索结果集中考察第 j 篇文档时的查全率和查准率；$H(j)$ 是 $r(j)$ 和 $p(j)$ 的调和平均。当结果文档集中不包含任何相关文档时，调和平均为 0；当结果集中的文档都是相关文档时，调和平均为 1。根据式(3-5)可知，只有当查全率和查准率都较高时，调和平均的值才会较大，因此，确定调和平均最大值的过程可以认为是在查全率与查准率间确定最佳折中方案的过程。

2)E 测度

E 测度[69](E measure)是为了方便用户在查全率与查准率之间选定哪一个更重要而设计的一种检索性能评测方法。其定义如下：

$$E(j) = 1 - \frac{1 + b^2}{\dfrac{b^2}{r(j)} + \dfrac{1}{p(j)}} \tag{3-6}$$

其中，$r(j)$ 和 $p(j)$ 分别是在排序后的检索结果集中，考察第 j 篇文档时的查全率和查准率；b 是用户选定的用于确定查全率与查准率哪个更重要的参数。$b > 1$ 时，表明用户认为查准率更重要；而 $b < 1$ 时，则表明用户认为查全率更重要。

3) 面向用户的测度方法

对于同一个查询结果集中的一篇文档，不同用户的认识可能并不相同，一个用户认为相关的文档，另一个用户可能认为不相关。为了解决这一问题，人们提出了一些面向用户的测度方法。

给定一个测试参考集，一个信息查询实例 Q 和待评价的检索策略。设 R 为 Q 的相关文档集，A 是检出的结果文档集，U 为用户已知的相关文档集，是 R 的子集，其数量用 $|U|$ 表示，A 和 U 的交集就是检出的用户已知相关文档，用 $|R_k|$ 表示其数量，$|R_u|$ 表示检出的用户以前未知的相关文档数量，如图 3.4 所示。

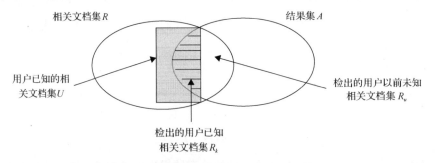

图 3.4　给定查询实例的覆盖率和新颖率

常见的几个面向用户的测度方法定义如下。

覆盖率：实际检出的相关文献中用户已知的相关文档所占的比例，即

$$coverage = \frac{|R_k|}{|U|} \tag{3-7}$$

新颖率：检出的相关文献中用户未知的相关文档所占的比例，即

$$novelty = \frac{|R_u|}{|R_u| + |R_k|} \tag{3-8}$$

相对查全率：系统检出的相关文档数量和用户期望检出的相关文档数量的比值。

查全率负担：用户期望检出的相关文档数量与要检出的文档总数的比值。

4）折扣累计增益

为了解决查全率/查准率指标的二元性和相关性文档出现在靠后位置价值不高问题，研究者提出了折扣累计增益(discounted cumulated gian，DCG)[70]指标以提高评价质量。

(1)用分级相关评价的方法，对查询返回的每一篇文档都给出 0～3 级中的一级。3 表示强相关，0 表示不相关。查询返回的文档相关级别组成增益向量。

(2)利用式(3-9)由增益向量可以计算出查询的累积增益向量，以解决返回文档和查询相关程度不同的问题。

$$CG_j[i] = \begin{cases} G_j[1], & i = 1 \\ G_j[i] + CG_j[i-1], & i > 1 \end{cases} \qquad (3\text{-}9)$$

(3)可以通过对排序靠后的相关文档实施一定惩罚来解决其价值不高的问题，即对 $CG_j[i]$除以相应的折扣因子，得到折扣累积增益向量。折扣累积增益函数的计算公式为

$$DCG_j[i] = \begin{cases} G_j[1], & i = 1 \\ \dfrac{G_j[i]}{\log_2 i} + CG_j[i-1], & i > 1 \end{cases} \qquad (3\text{-}10)$$

(4)利用累积增益向量可以绘制 CG 曲线，利用折扣累积增益向量可以绘制 DCG 曲线。

5）二元偏好

前面所述的评价方法都是假定测试集中的文档都可以评价，但对于大型测试集，如 Web 检索，其数据集往往由数以十亿的文档组成，排在后面的相关文档有可能被视为不相关。二元偏好(binary preferences，Bpref)指标主要解决类似问题，即对含有不完整信息的检索结果进行评价[70]。

如图 3.5 所示，设 J 为针对某查询专家评价过的文档集合，其中相关文档集合为 R，不相关文档集合为 $J–R$，A 为整个答案集，$R \cap A$ 为答案集中的相关文档集合，$(J–R) \cap A$ 表示答案集中被评价为不相关的文档集合。

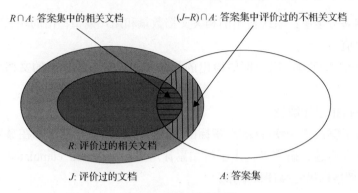

$R \cap A$: 答案集中的相关文档　　　$(J\text{–}R) \cap A$: 答案集中评价过的不相关文档

R: 评价过的相关文档

J: 评价过的文档　　　　　　　　　A: 答案集

图 3.5　Bpref 示意图

设 R_A 是 A 中的答案排序，函数 $C(R_A, d_j)$ 是出现在 R_A 的前 $|R|$ 篇不相关文档中排在文档 d_j 之前的不相关文档的个数，则 Bpref 的定义为

$$Bpref(R_A) = \frac{1}{|R|} \sum_{d_j \in R \cap A} \left(1 - \frac{C(R_A, d_j)}{\min(|R|, |(J-R) \cap A|)} \right) \qquad (3\text{-}11)$$

对于排序中的每篇相关文档 d_j，Bpref 累加了一个权重，该权重随着位于该文档之前的不相关文档数量的增加而减少。

3.2　测试参考文献集

信息系统的检索性能评价必须建立在一定的测试参考集之上，以解决给定文档相关性判定的主观性影响，为此，研究者们提出了许多参考文献集，本章介绍常见的几种。

3.2.1　TREC 测试参考

TREC（Text Retrieval Conference）系列会议是由美国国家标准技术局（National Institute of Standards and Technology, NIST）和美国国防部高级研究规划局（Defense Advanced Research Projects Agency, DARPA）于 1992 年共同发起的，其目标是通过提供大型测试集，统一评分程序及评估准则，鼓励大型文本的信息检索研究。会议每年举办一次，截至 2016 年年底，会议已经举办了 25 次。

TREC 会议主要初期集中在西方语言之间的检索，后来也增加了中文，阿拉伯文与英文之间的检索项目。随着历届会议的举办，其知名度日益提高，已经吸引了几十个国家的近百个研究小组参加。

　　TREC 测试参考集包括三部分：测试文档集、查询条件集，以及对应于每一查询的相关文档集。除此之外，TREC 会议还包括一组作为基准测试的任务集。

　　1) 测试文档集

　　近年来 TREC 集一直保持稳定增长，到第 6 届年会时测试集已达5.8GB，而且自 1998 年以后，绝大多数 TREC 会议中的文档集只须交纳少量发行成本即可免费使用。

　　表 3.2 给出了 TREC-6 文献集的部分统计数据[71]。

表 3.2　TREC-6 中使用的部分文献集(未排除停用词，未进行词干提取)

内容	大小/MB	文献数量	每篇文献所含单词(中值)	每篇文献所含单词(平均值)
Wall Street Journal, 1987-1989	267	98732	245	434.0
Associated Press (news wire), 1989	254	84678	446	473.9
Computer Selects (articles) Ziff-Davis	242	75180	200	473.0
Federal Register, 1989	260	25960	391	1315.9
US DOE Publications (abstracts)	184	226087	111	120.4

　　2) 查询条件集

　　TREC 测试集的查询条件集用来对新的排序算法进行测试，每个查询条件集都是用户信息需求的自然语言描述。在 TREC 术语集中，每个测试的信息查询称为主题(Topic)。前 6 届 TREC 会议的主题已达 350 个。将信息查询(主题)转换为系统查询(如索引词集、布尔表达式等)需要由系统来完成。

　　3) 相关文档集

　　TREC 的每一信息查询实例的相关文档集都来自一个可能相关的文档集库(Pool)。这个库是通过提取多个参与检索的系统所生成结果中前 K 篇文档(一般 K=100)形成的。然后，将集合中的文档提交给评价人员，由他们最终判断每篇文档的相关性。

　　这种评价相关性的方法称为共用法(Pooling method)，它基于以下假设：①假设绝大多数相关文档都收录在这个汇编库中；②假设不属于该库的文档即为无关文档。经 TREC 会议准确测试检验，这两个假设都是成立的。

　　4) TREC 会议的基准测试任务集

　　TREC 会议主要包括两项信息检索任务[72]。第一个被称为特定检索(Ad hoc Search)，即针对确定的文档数据库进行新的(常规)查询，这在由用户对静态文档进行新查询的图书馆中非常普遍。第二个是定题检索(Routing)，即对文档常常发生变动的动态数据库执行确定的查询。

从第四届 TREC 会议开始，为了凸现不同系统间的差异，除特定检索和定题检索以外，还引入了新的二级任务。例如，第六届 TREC 会议增加了中文、过滤、交互性等 8 项(指定的)二级任务；第七届 TREC 会议停用自然语言处理和中文两项二级任务，增加了查询任务。到目前，主要的任务包括特定检索(Ad hoc Search)、定题检索(Routing)、已知项目查询(Known-item Search)、分类(Classification)、确切相应(Specific Response)、意见发现(Opinion Finding)六类。其中 Opinion Finding 主要针对网络博客。

3.2.2　CACM 与 ISI 测试集

TREC 这个大型测试集在局部实验有效开展之前，需要花费大量的时间进行前期准备工作，而且与小型测试集相比，测试本身也要耗费大量的时间与精力。对于不愿进行这样大投资的组织来说，一个可选的方案就是使用能在较短时间内建立和测试的小型测试集。国外主要的小型测试集主要包括 CACM(Communications of the ACM)、ISI(Information Sciences Institute)、CF(Cystic Fibrosis)等。

1)CACM 测试集。

CACM 测试集的文档集共有 3204 篇文档，囊括了美国计算机协会通信从 1958 年第 1 期到 1979 年最后一期的所有文章。由于 CACM 近年来一直作为计算机专业的核心期刊，它当中的这些文献基本上涵盖了计算机科学的绝大部分内容。

除了文档正文之外，该测试集还包括结构化的子字段(subfields)信息，如作者姓名、日期信息、从题名和摘要部分提取出来的词干等。

CACM 测试集共包括 52 个测试信息查询。其中 1 号信息查询为："哪些文献与 TSS 分时系统(IBM 计算机的一种操作系统)相关？"

对于每个信息查询，测试集还附有两个布尔查询式和一组相关文档。由于信息查询往往很具体，对于每个信息查询来说，相关文档的平均数量一般也不大，大概为 15 篇左右。结果，这也使得查全率和查准率的值相对较低。

2)ISI 测试集

ISI 测试集的文档集[42,73]包含 1460 篇测试文档，它们是由 Small 从 ISI(也常称作CISI)早期的文档集中挑选出来的。选出的这些文档也是 Small 的"交叉引用"研究中被引用次数最多的文档。ISI 测试集的目的就是对基于标引词与交叉引用模式之间的相似性进行分析。

ISI 测试集中的文档包含以下三个子字段：作者姓名；从题名和摘要部分提取出来的词干；两篇文档同被引的次数。

ISI 测试集一共收录了 35 个要测试的(自然语言形式的)信息查询，每个查询都配有布尔查询式。另外，ISI 还包括 41 个不具有布尔查询式(只具有自然语言形式)的测试信息查询。每个查询一般都能检出大量的相关文档(大约 50 篇)，然而，这些相关文档中的绝大多数与查全率和查准率值都较低的信息查询之间并不存在相同的标引词。

表 3.3 与表 3.4 对 CACM 与 ISI 测试集之间的一些统计数据进行了对比。

表 3.3　CACM 与 ISI 测试集的文档统计数据

测试集	文档数量	标引词数量	每篇文档所含标引词
CACM	3204	10446	40.1
ISI	1460	7392	104.9

表 3.4　CACM 和 ISI 测试集的查询统计数据

测试集	查询数量	每个查询所含的标引词	每项查询的相关文档数	前 10 篇文档中的相关文档数
CACM	52	11.4	15.3	1.9
ISI	35&76	8.1	49.8	1.7

3.2.3　中文 Web 测试集 CWT

CWT(Chinese Web Test)[74,75]系列测试集是北京大学网络实验室面向中文信息检索评估而制作的大规模测试集。自 2004 年 6 月 16 日提供下载，已经在中文信息检索领域得到广泛应用。截止到 2006 年 3 月，申请该测试集的研究机构已经超过 30 家。

1) 文档集

CWT100g 根据天网搜索引擎截至 2004 年 2 月 1 日发现的中国范围内提供 Web 服务的 1000614 个主机，从中采样 17683 个站点，在 2004 年 6 月搜集获得 5712710 个网页，容量为 90GB。其存储格式为天网格式。定义如下：

(1) 一个原始网页库(RAW_DB)由若干记录组成，每个记录(RECORD)包含一个网页的原始数据，记录的存放是顺序追加的，记录之间没有分隔符；

(2) 一个记录由头部(HEAD)、数据(DATA)和空行(BLANK_LINE)组成，顺序是：头部+空行+数据+空行；

(3) 一个头部由若干属性(PROPERTY)组成，每个属性是一个非空的行，头部内部不允许出现空行；

(4) 一个属性包含属性名(NAME)和属性值(VALUE)，并由冒号 ":"

隔开，顺序是：属性名+冒号+属性值；

（5）头部的第一个属性必须是版本属性，属性名为 version，例如：version: 1.0，该属性表明记录的版本号；

（6）头部的最后一个属性必须是数据长度属性，属性名为 length，例如：length: 1800，该属性值必须是数据的长度(字节数)，不包括空行的长度；

（7）为简化起见，属性名必须是小写的字符串。

2) 信息查询实例和相关文档集

CWT 本身没有提供查询实例，自然也没有相关文档集。但是国家高技术研究发展计划(863 计划)信息检索评测组织者为每一次测评提供了查询主题和标准答案。

参加评测的单位通过自动方式和人工方式根据主题构造查询。评测不对构造查询和建索引的技术作任何限制，主题字段中的信息全部可以利用。需要强调的是，只允许以人工方式构造查询，不允许在检索过程中加入任何人为因素。

参加评测的单位对主题集合必须同时提交两组结果，一组结果是以自动方式，另一组是以人工方式构造查询。对于每一个主题，参加评测的单位返回至多 1000 个结果，并且对于每个结果自行估计与主题的相关度，按照相关度的递减为每个结果标上排行序号(Rank)，排行序号的起始值为 1。检索结果存放在一个纯文本文件(文件后缀名为 txt)中，汉字编码方式为 GB2312。

3) 测评指标

测评的指标有三个，MAP(Mean Average Precision)、R-Precision 和 P@10。它们的含义如下：

（1）MAP。

单个主题的 MAP(平均准确率)是每篇相关文档检索出后准确率的平均值。主题集合的平均准确率又是主题集合所包含每个主题平均准确率的平均值。

例如，假设有两个主题，主题 1 有 4 个相关网页，主题 2 有 5 个相关网页。某系统对于主题 1 检索出 4 个相关网页，其 rank 分别为 1, 2, 4, 7；对于主题 2 检索出 3 个相关网页，其 rank 分别为 1,3,5。

对于主题 1，平均准确率为

$$(1/1+2/2+3/4+4/7)/4=0.83$$

对于主题 2，平均准确率为

$$(1/1+2/3+3/5+0+0)/5=0.45$$

则主题集合的平均准确率为

$$MAP=(0.83+0.45)/2=0.64$$

(2) R-Precision。

单个主题的 R-Precision 是检索出 R 篇文档时的准确率。其中，R 是测试集中与主题相关的文档的数目。主题集合的 R-Precision 是每个主题的 R-Precision 的平均值。

(3) P@10。

单个主题的 P@10 是系统对于该主题返回的前 10 个结果的准确率。主题集合的 P@10 是每个主题的 P@10 的平均值。

3.3　一个小型中文信息检索测试集的构建与分析

考虑到下面所述的一些原因，2009 年，作者团队尝试建立了一个小型的中文信息检索测试集[76]，并在后续的相关研究中多次采用。

第一，当时国内尚无建立起标准的、可用于信息检索评测的小型中文测试集，对于从事信息检索的一般研究者来说不方便，尤其是在从事基于贝叶斯网络的信息检索模型扩展研究工作中，由于缺少标准的测试集，每次实验都需临时构建，降低了工作效率，也不便于不同模型扩展方案的比较。

第二，系统检索的过程高度依赖于文档的语言类型，中文测试集的缺乏，一定程度上制约了中文信息检索的研究。目前小型测试集主要是外文测试集，由于汉语具有自己的特点，利用外文测试集不方便，尤其是在语义理解方面。

第三，与大型测试集相比，小型测试集不但构建更加灵活、快捷，而且更方便研究者使用，尤其是对于一些小型科研院所的研究人员来说，财力、物力、精力等方面的约束，使得他们难以获得外文的和大型的测试集。

第四，培养相关人才的需要。

根据测试集内容的基本要求，本小型中文测试集主要由三部分构成：文档集、查询集、相关判断集。由于测试集的文档集选自中文计算机类文档，故简称为 CCT（Chinese Computer Test）测试集。

3.3.1　文档集的构建

文档集是一组文档的集合，该组文档的内容用来被信息检索系统（模型）进行分析，是整个测试集的基础。由于信息检索的领域很广泛，如果文档集中的文档类别涉及的领域太多，要保证内容翔实，需要耗费大量的时间和精力，后续的相关判断工作更是庞大，不利于测试集的构建。

国外小型测试集之文档集的构建一般采用将文档集限定在某一领域的方法。例如，CACM 文档集限定在 ACM 通信领域，ISI 文档集限定在资讯科学领域等。考虑到构建者对计算机领域比较熟悉，基于以下四个方面的考虑，CCT 测试集将文档限定在计算机领域：

(1) 便于所选的文档尽可能覆盖该领域的诸多方面，方便模拟真实环境；

(2) 能够保证查询集在所限定的领域内具有广泛的主题内容；

(3) 对计算机类文档认知度较高，能够提高判断的准确度；

(4) 可以在较短的时间内来完成对文档集的构建。

在文档集的结构方面，以检索文字资料为主，以单篇文档为最小检索单位。文档集包含从各种计算机类期刊上选取的 1583 篇中文文档，涉及科学计算、数据处理、人工智能、网络应用等计算机专业领域的诸多方面。文档收集完成后，进一步做了以下两方面的工作。

首先，规定了保存类型。为避免文档格式类型不一致影响检索结果，将文档的保存类型统一整理为 XML 类型，但对文档的正文内容不做任何修改。修改后的文档格式如图 3.6 所示。

```
<?xml version= "1.0" encoding=utf-8 ?>
<doc>
<id>071667</id>
<author>张美多，郭宝龙</author>
<date>2007-08</date>
<title>车牌识别系统关键技术研究</title>
<text>
<p>
摘要：：倾斜角度、边框清晰度影响着车牌的校正 边框、铆钉和间隔符等也影响字符的提取，该
文提出了一种改进的 Harris 角点算法，该方法不受倾斜角度的影响，直接定位车牌内角点，可将内
角点作为校正基准点。校正后的车牌不存在边框，字符串位于图像的中心位置，可以根据车牌字符
串的整体位置值提取字符。</p>
<p>
智能交通系统成为交通管理体系发展的新方向。在实际应用中，图像采集设备和车牌之间角度的变
化，导致了车牌图像的倾斜现象。</p>
<p>...</p>
</text>
</doc>
```

图 3.6　文档集中文档的保存格式

其中：<id></id>表示文档的编号；<author></author>表示作者姓名；

表示文档的出版日期；<title></title>表示文档的标题；
表示文档的正文；<p></p>表示正文的段落。

其次，建立了索引表。通过统计每篇文档的词频，并进一步分析词频
较高的名词或动词，筛选出可反映该文档内容的关键词。筛选出的关键词
再结合该文档自带的关键词，组成文档的关键词索引表。

3.3.2　查询集的构建

查询集是向信息检索系统提出问题的集合，又称查询主题。查询集用
来模拟用户的查询需求，一般要由不同的查询主题构成。根据文档集中文
档内容的分布情况，查询集以人工的方式建立。考虑到所构建查询主题的
有效性跟文档集文档的内容密切相关，查询主题的构建流程设计如下：

(1)首先根据文档内容，将文档集划分成多个类别，然后按照类别将文
档分配给若干名构建人员，构建人员再根据文档具体内容来创建主题。

(2)各构建人员根据自己对所构建查询主题的好坏程度将查询主题排
序，较好的查询主题排在前面。最终一共得到 63 个主题。

(3)筛选由步骤(2)得到的查询主题。筛选分为三个阶段。第一阶段，
过滤叙述不清、不够详尽或过于主观的查询主题，将与文档集内容不符或
变动过大的即时性查询主题删除。第二阶段，考虑初步筛选之后剩余查询
主题的相似性，避免出现相似性较高的查询主题。第三阶段，对每个查询
主题，预测可能相关文档的数量，判断查询主题的范围是否过于广泛或过
于狭窄，初步预测查询需求的难易程度。

最终筛选出 15 个查询主题。每个主题由四部分组成：查询标题、查询
问题、主题说明、关键词，其结构如表 3.5 所示。

表 3.5　查询主题组成结构

名称	内容	组成语法
查询标题	对查询主题的简单描述	名词术语
查询问题	利用简短语句表达查询需求的主要内容	一个句子
主题说明	对查询问题的进一步详细解释	一个或多个句子
关键词	用来概括主题的术语	多个名词或动词术语

3.3.3　相关判断集的构建

相关判断集是对应查询集中查询主题所给的一组标准答案的集合，它
被用来对比信息检索系统对于查询集中的查询主题所给出的答案。在理想
状态下，相关判断集合应该是一个完整的列表，包含每个文档与每个查询

主题的相关程度。当文档数量很庞大时，达到这样一种理想的结果耗费的时间和精力会很大。国外测试集一般采用以下两种方法减少相关判断人员的工作量：Pooling 方法与 Interactive Searching and Judging(ISJ)方法[77]。

TREC 采用 Pooling 方法来构建相关文档集。首先使用参加评测的检索系统对于每个主题得到一个特定大小的 Pool(相关文档的集合)，再由人工判定 Pool 中的文档是否为相关文档，将最终得到的 Pool 中的文档作为相关判断集，并按相关程度将其排序。不在 Pool 内的文档视为不相关文档。

ISJ 方法多用于小型测试集的构建。测试集构建者使用一种可靠的搜索引擎来检索查询主题，通过人工分析检索结果，得到最符合查询主题要求的文档。在这一过程中，查询主题中术语的同义词也可作为查询条件用来检索。ISJ 方法比 Pooling 方法更能节省时间，检索结果的精确度也更高。

由于缺少一定数量的待评测检索系统，并且文档集和查询集并非很庞大，CCT 测试集采用人工判断和 ISJ 方法相结合的方式来构建相关判断集。

1)人工相关判断集的构建

在构建过程中，文档和查询主题的相关程度必须要有客观而明确的定义。CCT 测试集采用多元化的判定尺度，将查询主题和文档的相关程度分为四个等级：不相关、部分相关、相关、完全相关。之后将相关程度进一步量化，规定不同等级相关程度的数值范围。例如：不相关赋值范围为 0～0.10；部分相关赋值范围为 0.11～0.50；相关赋值范围为 0.51～0.80；完全相关赋值范围为 0.81～1.00。具体赋值多少由相关判断者分析文档和主题的相关度来决定。

所有的相关判断的赋值工作由若干名计算机专业判断者分两组进行，各组之间的判断相互独立，不受影响。各组在人工判断时采用初步判断和检查两个阶段。第一阶段，每一组先有一名判断者进行判断赋值；第二阶段，完成赋值后，每一组由 3～4 人进行检查，最大限度地保证判断结果的客观性和可信性。

相关判断工作完成后，将两组判断结果进行合并计算，并得到最终的相关判断集。合并计算基于以下两点考虑：

(1)每组判断者对于每篇文档的相关判断具有同等的贡献，以所评定的分数进行计算，不另作加权。

(2)个别判断结果是独立的，合并时不因其分布状况的不同而有不同的计算公式。

基于上述考虑，对于每一查询主题，将两组判断者对同一篇文档所做出的判断结果，利用式(3-12)来计算文档与查询主题的相关程度值 R。

$$R = \frac{r_1 + r_2}{2} \tag{3-12}$$

在式(3-12)中，r_1、r_2 分别为两组判断者对文档评定的相关程度值。R 值越接近 1，表明文档和查询主题的相关程度越大；反之则越不相关。

可以根据查询主题与文档相关程度(R)的数值大小建立一个有序表列作为相关判断集。对于 R 值相等的文档，经过人工判断决定其排列的先后顺序。

2)采用 ISJ 方法辅助构建相关判断集

本测试集通过以下四步来辅助构建相关判断集：

(1)确定一个可靠的检索系统。通过分析检索结果的精确度和使用的难易程度，决定使用谷歌中文检索系统。

(2)在查询集的构建过程中已经得到每个查询主题的关键词，将这些关键词及其同义词共同作为查询条件通过谷歌进行检索，得到若干文档的集合。

(3)通过人工判断，确定检索结果中哪些是可以使用的文档，将最终确定的相关文档合并到文档集中。

(4)使用人工相关判断集构建过程中的赋值方法，对新加入文档进行相关程度的赋值，并将结果加入相关判断集中。

通过 ISJ 方法，共为 15 个查询主题增加了 65 篇相关程度较高的文档。

3.3.4　测试集的分析

1. 文档集特征分析

图 3.7 展示了 1648 篇文档的 5692 个关键词及其出现的频率(在文档集中包含该关键词的文档数)。

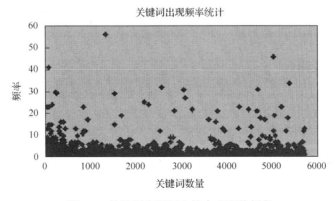

图 3.7　关键词在不同文档中出现的频率

从统计结果中可以看到，只有少量关键词的出现频率超过 20，绝大部分关键词出现的频率都集中在 1～5 的范围内,有将近 60%关键词只在一篇文档中出现过。分析发现,出现频率较高的关键词多为应用领域比较广的计算机类术语,出现频率较低的关键词多为偏僻词,这个特点对以后进一步扩展文档集并从中提取关键词有着指导意义。

2. 查询集特征分析

表 3.6 将查询集与小型英文测试集 CACM、ISI 的某些特征值作了比较。受时间和精力的影响,本测试集初步构建了 15 个查询主题,要少于 CACM 和 ISI。将与查询主题相关程度值大于 0.6 的文档作为该查询主题的相关文档,可以看出,每个查询主题的相关文档数比其他测试集的要偏多。

表 3.6 各测试集的文档和主题数据统计

测试集类型	文档数量	查询主题数量	每个查询主题的关键词数量	每个查询主题的相关文档数
CACM	3204	52	11.4	15.3
ISI	1460	35&76	8.1	49.8
本测试集	1648	15	6.2	74.6

3. 相关判断集分析

相关判断本身就是比较主观的概念。受判断者知识水平、判断经验、判断状态的影响,可能会产生相关程度不同的结果,影响判断的一致性和可靠性。为了使测试集能够客观地评测信息检索系统的效益,相关判断结果必须具有某种程度以上的一致性,才能够保证其具有较高的可信度。

CCT 测试集采用 Kappa 一致性系数 (K) [78]和 Kendall 一致性系数 (W) [79]两种不同的统计量,对相关判断集构建过程中的两组相关判断结果进行检测,15 个查询主题在两种统计量下的表现和分布状况如图 3.8 所示。

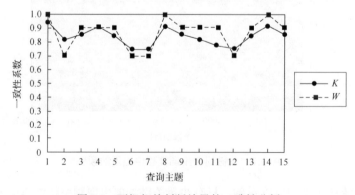

图 3.8 两组相关判断结果的一致性分析

由图 3.8 可以看出，虽然它们计算一致性的方法不同，但曲线起伏大致相似，并且都处在一致性系数较高的位置上。Landis 等将 Kappa 一致性系数的大小划分为六个区段[76]，分别代表一致性的强弱程度。当 $K<0$，一致性强度极差；0.0～0.2，微弱；0.21～0.40，弱；0.41～0.60，中度；0.61～0.80，高度；0.81～1.00，极强。图 3.8 中每个 Kappa 一致性系数值均在 0.7 以上，个别值达到了 0.9，平均值也达到 0.8。表明两组判断结果的一致性很高，其结果具有显著意义，可以用来构成相关判断集。

3.4　本　章　小　结

信息检索是一门实验性很强的学科，掌握国际上常用的测试手段，了解常用的测试文档集十分重要。本章较为详细地介绍了检索评价的常用方法，并介绍了 TREC、CACM、ISI 等国际上常用的测试文档集。值得提出的是 CWT 是国内近年提出的测试文档集，它的出现必将会推进我国信息检索研究，因此本章对 CWT 进行了较为详细的介绍和归纳。

根据研究工作的实际需求，考虑到国内缺少便于使用的小型中文测试集的现实，介绍了一个包含 1648 篇文档、15 个查询主题的小型中文测试集 CCT 的建立方法，并对其进行了分析。本书提出的多数扩展模型都是基于该测试集进行的性能评测。

第4章　基于贝叶斯网络的信息检索模型

4.1　贝叶斯概率与贝叶斯网络

贝叶斯网络主要是概率理论和图论相结合的产物，其理论依据是贝叶斯概率，推理的基础是概率推理。

4.1.1　贝叶斯概率

首先介绍几个相关概念和公式[80]。

定义 4-1(条件概率)　设 A、B 是两个基本事件，且 $P(A) > 0$，则称

$$P(B \mid A) = \frac{P(AB)}{P(A)} \tag{4-1}$$

为事件 A 已发生条件下事件 B 发生的条件概率。

定义 4-2(先验概率)　先验概率是指根据历史的资料或主观判断所确定的各种事件发生的概率。由于该概率没能经过实验证实，属于检验前的概率，故称之为先验概率。

定义 4-3(后验概率)　后验概率一般是指利用贝叶斯公式，结合调查等方式获取了新的附加信息，对先验概率进行修正后得到的更符合实际的概率。

定义 4-4(联合概率)　设 A、B 为两个事件，且 $P(A) > 0$，则它们的联合概率为

$$P(AB) = P(B \mid A)P(A) \tag{4-2}$$

联合概率可以扩展到多个事件的形式：

$$\begin{aligned} P(A_1 A_2 \cdots A_n) &= P(A_n \mid A_1 A_2 \cdots A_{n-1}) \\ &\times P(A_{n-1} \mid A_1 A_2 \cdots A_{n-2}) \times \cdots \times P(A_2 \mid A_1)P(A_1) \end{aligned}$$

联合概率也叫做乘法公式，是指两个任意事件的乘积的概率，或称为交事件的概率。

定义 4-5(全概率公式)　如果影响事件 A 的所有因素 $B_1, B_2, \cdots, B_n$ 满足：$B_i B_j = \varnothing (i \neq j)$，且 $P(\bigcup B_i) = 1$，$P(B_i) > 0$，$i = 1, 2, \cdots$，则必有

$$P(A) = \sum P(B_i)P(A \mid B_i) \tag{4-3}$$

定义 4-6（贝叶斯概率）　贝叶斯概率是通过先验知识和统计现有数据，使用概率的方法对某一事件未来可能发生的概率进行估计。

定义 4-7（贝叶斯公式）　设试验 E 的样本空间为 S，A 为 E 的事件先验概率为 $P(B_i)$，调查所获得的新附加信息为 $P(A_j \mid B_i)$，其中 $i = 1, 2, \cdots, n, j = 1, 2, \cdots, m$，则贝叶斯公式计算的后验概率为

$$P(B_i \mid A_j) = \frac{P(B_i)P(A_j \mid B_i)}{\sum_{k=1}^{n} P(B_k)P(A_j \mid B_k)} \tag{4-4}$$

贝叶斯公式也叫做后验概率公式或逆概率公式，其用途很广。

4.1.2　贝叶斯网络理论

1. 贝叶斯网络的定义

贝叶斯网络又称信念网络，是一种对概率关系的有向图解描述，适用于不确定性和概率性事物，是现阶段处理不确定信息技术的主流。贝叶斯网络通过提供图形化的方法来表示知识，以条件概率表示变量之间影响的程度，通过贝叶斯概率对某一事件未来可能发生的概率进行估计。它采用图形化的网络结构直观地表达变量的联合概率分布及其条件独立性，能大量地减少概率推理计算，对概率推理是非常有用的。其定义如下[81,82]：

一个贝叶斯网络是一个二元组 $B(G,P)$，由定性和定量两部分知识组成。

（1）G 是一个有向无环图，$G = (V, E)$。其中 V 表示了节点的集合，节点代表随机变量；E 是节点间弧的集合，代表了随机变量间的依赖关系。在 G 中蕴含了条件独立性假设，即规定图中的每个节点 X_i 条件独立于由 X_i 的父节点给定的非 X_i 后代节点构成的任何节点子集。

如果用 $a(X_i)$ 表示非 X_i 后代节点构成的任何节点子集，用 $pa(X_i)$ 表示 X_i 的直接双亲节点，则

$$P(X_i \mid a(X_i), pa(X_i)) = P(X_i \mid pa(X_i)) \tag{4-5}$$

（2）P 是一个与节点相关的条件概率表。对于每一个有父节点的变量 $X_i \in V$，条件概率表可以用 $P(X_i \mid pa(X_i))$ 来描述。没有任何父节点的变量的条件概率为其先验概率。

有了节点、弧和条件概率表，就可以计算贝叶斯网络中变量的联合概率：

$$P(X_1, X_2, \cdots, X_n) = \prod_{i=1}^{n} P(X_i \mid pa(X_i)) \tag{4-6}$$

图 4.1 给出了一个简单的贝叶斯网络示例。

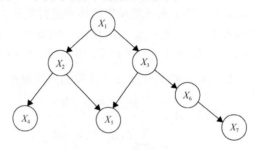

图 4.1　贝叶斯网络示例

对于图 4.1 中变量的联合概率利用条件独立性假设可以得到

$$
\begin{aligned}
p(X_1, X_2, \cdots, X_7) &= \prod_{i=1}^{7} p(X_i \mid pa(X_i)) \\
&= p(X_7 \mid X_6) p(X_6 \mid X_3) p(X_5 \mid X_2, X_3) \\
&\quad \cdot p(X_4 \mid X_2) p(X_3 \mid X_1) p(X_2 \mid X_1) p(X_1)
\end{aligned}
\tag{4-7}
$$

2. 贝叶斯网络的特点

贝叶斯网络具有如下特点[83]：

(1)条件独立性。由于贝叶斯网络假定了条件独立性，在求变量的概率信息时，只需要考虑与该变量有关的有限变量，可以大大简化问题的求解难度。

(2)基于概率论的严格推理。贝叶斯网络是一种不确定性知识表达与推理模型，它的推理原理基于 Bayes 概率理论，推理过程实质上就是概率计算。

(3)所蕴含的知识可以分为定性知识和定量知识。定性知识指网络的结构关系，表达事件之间的因果联系；定量知识指节点的条件概率表，主要来源于专家经验、专业文献和统计学习。

(4)知识获取与推理的复杂度较小。由于贝叶斯网络具有条件独立性，可以减少知识获取与推理的复杂程度。也就是说，在知识获取时，只要关心与节点相邻的局部网络图，在推理计算时，只要已知某一节点的相关节点的状态，即可估计该节点的概率信息。

3. 建立贝叶斯网络

一般地，建立贝叶斯网络可以分为三个步骤：

(1)确定变量集和变量域。主要任务是在领域专家指导下选择适宜的变量集，有些情况下还需要按照一定的策略从专家提供的变量中舍弃一些不重要的因子，而选择其中重要因子作为变量。之后需要确定变量域，即给出变量集中每一个变量的可能取值。

(2)确定网络结构。变量集中的每一个变量对应贝叶斯网络的一个节点，确定变量结构就是在变量节点基础上，确定节点之间的边，亦即变量之间的因果关系。

贝叶斯网络结构可以通过两种方式来构造：其一是由专家知识来指定网络的结构；其二是通过训练大量的样本数据，来学习确定贝叶斯网络结构。

(3)确定节点条件概率表。节点条件概率表由三种方法确定：一种是用先验数据的统计频率和用户的知识来确定；另一种是用户通过测试和观察来确定；第三种是根据专家知识来确定。也可以混合使用上述多种方法。

在贝叶斯网络构建过程中一般需要在以下两个方面作折中：一方面，为了达到足够的精度，需要构建一个足够大的、丰富的网络模型；另一方面，要考虑构建、维护模型的费用和概率推理的复杂性。实际上建立一个贝叶斯网络往往是上述三个步骤反复地交互过程。

4. 贝叶斯网络的研究现状

目前国内外学者对贝叶斯网络的研究主要集中在贝叶斯网络推理[84~89]、贝叶斯网络学习[90,91]、贝叶斯网络应用三方面[26~31,92~102]。

利用贝叶斯网络模型进行计算的过程称为贝叶斯网络推理。在一次推理中，那些值已确定的变量集合称为证据 E(Evidence)，需要求解的变量集合称为假设 H(Hypothesis)。一个推理问题就是求解给定证据条件下假设变量的后验概率 $p(H\,|\,E)$，称为假设变量的信度。

贝叶斯网络的推理算法可以分为两类：一类称为精确推理，即精确地计算假设变量的后验概率；另一类称为近似推理，即在不影响推理正确性的前提下，通过适当降低推理精确度来提高计算效率。精确推理一般用于结构较简单的贝叶斯网络推理。对于节点数量大、结构复杂的贝叶斯网络，精确推理的复杂性会很高，常采用近似推理。

从实例中自动建立贝叶斯网络即为贝叶斯网络学习，是贝叶斯网络研究的另一个主要问题，也是贝叶斯网络走向实际应用的关键。贝叶斯网络学习分为结构学习和参数学习两个步骤。结构学习是指利用训练样本集，尽可能结合先验知识，确定合适的网络拓扑结构；参数学习是指在给定网络拓扑结构的情况下，确定各节点的条件概率分布。结构学习是整个学习过程的基础，是一个 NP 问题。

根据不同的学习指导思想，贝叶斯网络学习算法可以分为两类：一类是基于测度的模型选择法(Model Selection)，另一类是基于独立性测试的学习算法(Conditional Independence Test)。

贝叶斯网络应用的研究主要包括基于贝叶斯网络的应用软件系统开发和基于贝叶斯网络的实例应用等。目前贝叶斯网络已成功应用的领域包括信息融合、信息检索、故障诊断、预测、智能机器人、病理诊断、金融市场分析、数据挖掘、智能帮助系统等。

4.2 基于贝叶斯网络的信息检索模型

基于贝叶斯网络的信息检索模型主要包括三个：推理网络模型、信念网络模型和贝叶斯网络模型。

4.2.1 推理网络模型

推理网络模型[9~12,103]是 Turtle 博士 1990 年在他的博士论文中提出的，是一种基于认识论观点，用于文档检索的信息检索模型，其拓扑结构如图 4.2 所示。

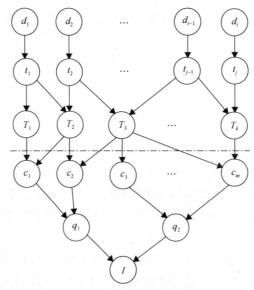

图 4.2　推理网络基本模型

基本的文档检索推理网络由两部分组成，虚线以上部分称为文档网络(document network)，虚线以下部分称为查询网络(query network)。网络中的所有节点同时也表示一个二值变量，值域为{0,1}，用来表示该事件是否被观察到。

文档网络部分由文档节点(document nodes) d_i、文本节点(text

representation notes) t_j 和概念节点(concept representation nodes) T_k 组成。文档节点表示具体的文档，同时也表示该文档是否被观察到。文本节点对应文档的具体表示，所以该模型支持一个文档的多种表示方式。图 4.2 所述的基本模型中一个文档只有一种表示方式。相似于文档节点，每一个文本节点同时也表示该种表示方式是否被观察到。概念节点表示某一文档在特定表示方式下的具体描述，比如说"标引词"或"描述符"等。

查询网络是对用户信息检索需求的结构化表示，它包括信息需求节点 I、查询节点 q_i 和查询概念节点 c_i。信息需求节点 I 表示用户的检索需求，对应该检索需求是否得到满足。查询节点 q_i 为 I 的具体表示，查询概念节点 c_i 又是 q_i 的具体描述，如"信息检索"有可能描述为"信息检索""文献检索"等。查询概念节点实际上定义了文档网络中概念和查询中使用概念之间的映射。

在推理网络模型中，一个文档 d_i 与检索 q 的相关度定义为给定证据 $d_i=1$ 条件下，检索 $q=1$ 的后验概率，即相关度排序函数为

$$f_r(q,d_i) = P(q \wedge d_j) = P(q=1 \mid d_j=1) \tag{4-8}$$

信息检索过程就是一个基于证据的推理过程：依次假定一个文档变量的值为 1，然后作为证据计算检索节点的后验概率，最后根据后验概率值对文档和检索的相关度排序。

可以用一个简化的推理网络模型说明检索过程。

一个简单的推理网络检索实例是文本检索。文本文档可以用一组索引术语表示，用户查询也可以用一组查询术语表示，这样图 4.2 中的节点 t_i、T_j、c_k 退化为一个节点 k_i，查询节点 I 和 q_i 退化为节点 q，这时，推理网络模型的拓扑结构可以简化为图 4.3，其中文档节点用 d_j 表示，术语节点用 k_i 表示，查询节点用 q 表示，并定义向量 $\boldsymbol{k}=(k_1,k_2,\cdots,k_t)$，则

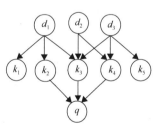

图 4.3 简化的推理网

$$
\begin{aligned}
P(q \mid d_j) &= \sum_{\forall \boldsymbol{k}} P(q \wedge d_j \mid \boldsymbol{k}) P(\boldsymbol{k}) \\
&= \sum_{\forall \boldsymbol{k}} P(q \wedge d_j \wedge \boldsymbol{k}) \\
&= \sum_{\forall \boldsymbol{k}} P(q \mid d_j \times \boldsymbol{k}) P(d_j \mid \boldsymbol{k}) \\
&= \sum_{\forall \boldsymbol{k}} P(q \mid \boldsymbol{k}) P(\boldsymbol{k} \mid d_j) P(d_j)
\end{aligned}
\tag{4-9}
$$

由于节点 k_i 相互独立，$P(\boldsymbol{k}\,|\,d_j)$ 可以采用乘积的形式计算，则

$$P(q \wedge d_j) = \sum_{\forall k} P(q\,|\,\boldsymbol{T}) \times \left(\prod_{\forall i\,|\,g_i(k)=1} P(k_i\,|\,d_j) \times \prod_{\forall i\,|\,g_i(k)=0} P(\overline{k}_i\,|\,d_j) \right) \times P(d_j)$$

$$(4\text{-}10)$$

$$P(\overline{q \wedge d_j}) = 1 - P(q \wedge d_j) \qquad\qquad (4\text{-}11)$$

通过对不同项的不同的概率定义，可以将推理网络应用于信息检索中的各种排序策略。

推理网络中的先验概率定义如下：

$$P(d_j) = \frac{1}{N} \qquad\qquad (4\text{-}12)$$

$$P(\overline{d}_j) = 1 - \frac{1}{N} \qquad\qquad (4\text{-}13)$$

其中，N 为文献集中包含的文献数目，称为文献的模。

4.2.2　信念网络模型

由 Ribrio-Neto 和 Muntz 于 1996 年提出的信念网络模型是另一种基于贝叶斯网络的信息检索模型。该模型基于概率的认识论观点，定义了一个明确的样本空间，使得模型涉及的信念度更加直观。它实际上是一个基本框架，通过对 $P(q\,|\,u)$ 和 $P(d_j\,|\,u)$ 的不同规定，信念网络可包括经典的布尔模型和向量模型。

1）相关概念

设被检索的文档集合为 $D = \{d_1, d_2, \cdots, d_N\}$，其中每一个文档 d_j 都可以通过一组术语索引，整个文档集合所包含的术语集合为 $U = \{k_1, k_2, \cdots, k_t\}$，$t$ 为系统中所有术语的数目，k_i 为一个索引术语，则：

（1）每一个术语 k_i 称为一个基本概念，它和一个二进制随机变量相关，也记作 k_i。某个索引术语变量为 1 表示该索引术语相关，为 0 表示不相关。

（2）U 的一个子集 u 称为非基本概念，也称为简单概念或简称概念。

由于每一个文档 d_j 都是由一组术语索引的，每一个 d_j 都可以看作是 U 中的一个概念。同样，每一个查询 q 也可以看作是 U 中的一个概念。

（3）概念集合 U 可以看作一个概念空间。

检索的任务就是确定文档集合中哪一个文档与给定的用户查询最相

关。有了概念、概念空间等定义后，信息检索的过程可以看作是文档概念 d_j 和查询概念 q 匹配的过程。

概念空间中的一个概念 c 对概念空间 U 的覆盖程度可以用式(4-14)计算如下：

$$P(c) = \sum_u P(c \mid u)P(u) \tag{4-14}$$

式(4-14)中概念 c 对空间 U 的覆盖程度是通过把 U 中的每一个概念 u 和 c 比较后，乘以 u 发生的概率 $P(u)$，然后求和得到的。$P(c)$ 实际上定义了样本空间 U 上的概率分布。

因为开始并不知道 u 发生的概率，假设等概率发生，即

$$P(u) = \left(\frac{1}{2}\right)^t \tag{4-15}$$

$P(u)$ 可以称为先验概率。

2) 模型的拓扑结构

基本信念网络模型的拓扑结构如图 4.4 所示。

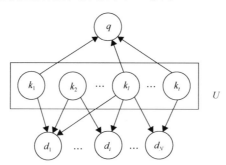

图 4.4　基本信念网络模型

(1) 模型中包括三类节点：查询节点 q、术语节点 $k_i(0 \leqslant i \leqslant t)$ 和文档节点 $d_j(0 \leqslant j \leqslant N)$。

(2) 若术语 k_i 是组成查询 q 的一个术语，则有一条弧从 k_i 指向 q。如果术语 k_i 是文档 d_j 的一个索引术语，则有一条弧从 k_i 指向 d_j。

(3) 假定文档之间相互独立，则文档节点之间没有弧。同理，术语节点之间也没有弧。

3) 文档检索

文档检索的过程就是计算 $P(d_j \mid q)(1 \leqslant j \leqslant N)$ 的过程。$P(d_j \mid q)$ 表示文档 d_j 和查询 q 的匹配程度。

由式(4-14)可知

$$P(q) = \sum_u P(q \mid u) \times P(u), \quad P(d_j) = \sum_u P(d_j \mid u) \times P(u)$$

根据条件概率，有

$$P(d_j \mid q) = \frac{P(d_j \cap q)}{P(q)} \tag{4-16}$$

对于一个已知查询 q 来说，$P(q)$ 为常量，故 $P(d_j \mid q)$ 正比于 $P(d_j \cap q)$，表示为

$$P(d_j \mid q) \propto P(d_j \cap q) \tag{4-17}$$

将式(4-14)应用于公式(4-17)，有

$$P(d_j \mid q) \propto \sum_u P(d_j \cap q \mid u) \times P(u) \tag{4-18}$$

术语节点集 $\{k_i, 1 \leqslant i \leqslant t\}$ 把文档节点集和查询 q 分割开来，查询 q 和文档 d_j 相互独立，故

$$P(d_j \mid q) = \eta \sum_u P(d_j \mid u) \times P(q \mid u) \times P(u) \tag{4-19}$$

式(4-19)是文档 d_j 相对查询 q 排序的一般计算式。

在具体实施时，需要对 $P(d \mid u)$、$P(q \mid u)$ 作出规定，对这两个概率的不同规定将得到不同的检索策略。例如，可以规定

$$P(q \mid u) = \begin{cases} 1, & \forall k_i, \ g_i(q) = g_i(u) \\ 0, & \text{其他} \end{cases} \tag{4-20}$$

并规定

$$P(d_j \mid u) = \frac{\sum_{i=1}^{t} w_{i,d_j} \times w_{i,q}}{\sqrt{\sum_{i=1}^{t} w_{i,d_j}^2} \times \sqrt{\sum_{i=1}^{t} w_{i,q}^2}} \tag{4-21}$$

则得到经典的向量空间模型。

其中，函数 g_i 定义为：如果基本概念 k_i 包含在概念 u 中，则 $g_i(u) = 1$，否则 $g_i(u) = 0$。w_{i,d_j} 为术语 k_i 在文档 d_j 中的权重，$w_{i,q}$ 为术语 k_i 在查询 q 中的权重。

在进行文档检索时，首先规定一个阈值，对 $P(d_j|q)$ 大于规定阈值的文档 d_j 视为满足用户要求的文档，否则视为不满足用户要求的文档。同时，可以根据 $P(d_j|q)$ 的大小对查询到的文档进行相关性排序。

信念网络模型提出后，研究者提出了一系列扩展模型，其主要特征是组合不同的查询证据，以提高模型的查询性能。如组合过去查询证据、组合 Web 的链接结构证据[104~106]、组合词典证据[107]等。

4.2.3　贝叶斯网络检索模型

2003 年以来 de Campos 等提出了贝叶斯网络检索(Bayesian Networks Retrieval，BNR)模型和简单贝叶斯网络检索(Simple Bayesian Networks，SBN)模型，并提出了一系列的改进。这里主要通过 BNR 模型介绍该类模型的基本原理。

1)拓扑结构

与推理模型和信念网络模型相比，BNR 模型主要有两点不同：其一是 BNR 模型中只包含术语节点和文档节点，没有包含查询节点，查询作为一种证据在推理过程中引入。其二是 BNR 模型利用混合树(polytree)表示了术语之间的关系，并利用一类学习算法挖掘了它们之间的的依赖关系，从而提高了模型的检索性能。这种关系表现在拓扑结构上为：不同的术语之间存在弧。

BNR 模型中，术语节点集合 $T=\{T_i, i=1,\cdots,M\}$，M 是索引术语的个数；文档集合 $D=\{D_j, j=1,\cdots,N\}$，N 是文档总数。T_i 和 D_j 都可以看作是二值变量，取值集合为{相关，不相关}。为了简化描述，把术语 T_i (文档 D_j) 相关记为 t_i (d_j)，术语 T_i (文档 D_j) 不相关记为 $\bar{t}_i$ ($\bar{d}_j$)。

BNR 模型的拓扑结构如图 4.5 所示。

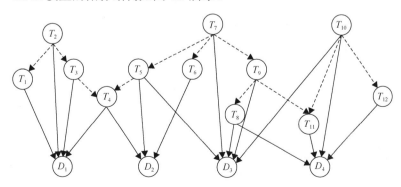

图 4.5　BNR 模型

2) 概率定义

BNR 模型中的条件概率定义为:

(1) BNR 模型中的根节点为术语节点,其边缘概率分为相关概率和不相关概率。其中边缘相关概率定义为 $p(t_i) = 1/M$,边缘不相关概率定义为 $p(\overline{t_i}) = 1 - p(t_i)$。 M 是索引术语的总数。

(2) BNR 模型中的一部分术语节点为非根节点,如图 4.5 中的 T_3 和 T_4。对于非根术语节点,其条件概率分布 $p(T_i \mid \pi(T_i))$ ($\pi(T_i)$ 为 T_i 父节点的任意组合),BNR 模型采用了一种基于 Jaccard 相似性的估计方法计算。

给定任一组术语 $T = \{T_1, T_2, \cdots, T_k\}$,配置 C 可定义为向量 $(t_1, t_2, \cdots, t_k)$,其中每一个元素对应一个变量 $T_i \in T$ 的可能取值。当第 i 个变量是相关时,$t_i = t_i$;当 T_i 不相关时,$t_i = \overline{t_i}$。例如,对于 $T = \{T_1, T_2, T_3, T_4\}$,两个可能的配置为 $\langle t_1, t_2, \overline{t_3}, t_4 \rangle$ 和 $\langle t_1, \overline{t_2}, t_3, \overline{t_4} \rangle$。给定一组术语 T 和一个配置 C,定义 $n(C)$ 为包含配置中全部相关术语且不包含配置中的不相关的术语的文档的个数。

基于 Jaccard 相似性的估计方法,可以按照式 (4-22) 估计非根术语节点的概率:

$$p(\overline{t_i} \mid \pi(T_i)) = \frac{n(\langle \overline{t_i}, \pi(T_i) \rangle)}{n(\langle \overline{t_i} \rangle) + n(\pi(T_i)) - n(\langle \overline{t_i}, \pi(T_i) \rangle)} \quad (4\text{-}22)$$

在这个公式中, $p(\overline{t_i} \mid \pi(T_i))$ 首先被估计,然后 $p(t_i \mid \pi(T_i))$ 可通过对偶性得到,即 $p(t_i \mid \pi(T_i)) = 1 - p(\overline{t_i} \mid \pi(T_i))$。

(3) 对于文档节点 D_j 的相关条件概率,BNR 模型中定义了以下正则模型函数来估计:

$$p(d_j \mid \pi(D_j)) = \sum_{T_i \in R_{\pi(D_j)}} w_{ij} \quad (4\text{-}23)$$

其中, $R_{\pi(D_j)}$ 是 $\pi(D_j)$ 中相关术语的集合; $w_{ij} \geqslant 0$,且 $\sum_{T_i \in D_j} w_{ij} \leqslant 1$。显然有, $\pi(D_j)$ 相关术语越多, D_j 的相关概率越大。

3) 推理过程

BNR 模型的推理过程如下:

(1) 当用户给定一个查询时,BNR 模型将其作为一个证据引入系统中,然后利用 Pearl 提出的准确传播算法得到 $p(t_i \mid Q)$, $\forall T_i$。

(2) 利用式 (4-24) 得到 $p(d_j \mid Q)$, $\forall D_j$。

$$p(d_j \mid Q) = \sum_{i=1}^{m_j} w_{ij} \cdot p(t_i \mid Q) \qquad (4\text{-}24)$$

其中，m_j 表示与文档 D_j 相关的那些父节点的个数。

$p(d_j \mid Q)$ 表示文档 d_j 在查询 Q 条件下的相关概率，是检索结果排序的依据。

(3)用户查询中多次出现的术语一般应具有更大的权重，为了体现这一点，对式(4-24)进行修正，得到式(4-25)。

$$p(d_j \mid Q) = \sum_{i=1}^{m_j} w_{ij} \cdot p(t_i \mid Q) \cdot [qf_i] \qquad (4\text{-}25)$$

其中，$[qf_i]$ 为查询术语 T_i 出现的次数。显然，增加这个系数，可以使出现次数多的查询术语权重也相应得到增加。

(4)后验概率 $p(d_j \mid Q)$ 比较高可能有两个原因，其一可能是实例化查询术语对文档的积极影响大；其二可能是因为文档本来的先验概率大，受到的查询术语的影响并没有使文档的相关后验概率降低。为此作者提出第二个修正。用相对值 $p(d_j \mid Q) - p(d_j)$ 替代 $p(d_j \mid Q)$ 作为判断文档与用户查询是否相关的标准，从而强化了查询术语的作用。

4.2.4　减少术语之间关系提高 BNR 模型的效率

BNR 模型利用 polytree 来表示文档集合中术语之间的主要依赖关系。尽管方法非常有效，但由于文档集合中术语量太大，BNR 模型在处理大型文档集合时会有两点不足：第一，建立术语(polytree)的时间花费让人难以接受；第二，查询提供的证据需要在整个术语子网中传播，即使模型使用 Pearl 的 polytree 传播算法，对于那些有大量术语的文档集合也耗时巨大。

于是自然而然引出一个问题："能不能在利用贝叶斯网络表示术语关系和模型建立及检索时间花费之间找到一种平衡？"de Campos 等在文献[21]中提出一种通过减少术语之间关系来减少学习和传播的时间，从而提高模型效率的方法。

1)基本思想

将 BNR 模型的整个术语集合 T 划分为"好的"术语子集 T_g 和"坏的"术语子集 T_b。对"好的"术语集合和"坏的"术语集合分别执行不同的处理过程，可以通过简化"坏术语集合"的处理过程来减少整个过程的时间花费。

（1）对于 T_b 中的术语，假设它们边缘独立于集合中的其他术语，也就是说 $p(T_i \mid T_j) = p(T_i), \forall T_i \in T_b, \forall T_j \in T \setminus \{T_i\}$ 。因为在这些术语中没有术语之间的关系，只需要将每个坏的术语连接到包含它的文档，并让它独立于所有其他的术语，不再应用任何学习算法获得他们之间的关系。

（2）对于 T_g 中的术语，则需要考虑术语之间的依赖关系。这些关系的学习仍使用原 BNR 模型相同的 polytree 算法。因为只需要考虑 T_g 中术语之间的关系，限制了算法涉及的变量集合规模，从而提高了模型效率。具体处理过程如图 4.6 所示。

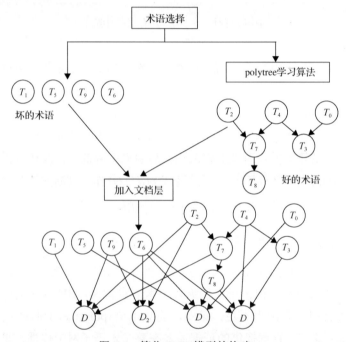

图 4.6　简化 BNR 模型的构建

对于定量部分（也就是概率分布），新的简化模型和原 BNR 模型相同。这个新的网络拓扑结构在推理过程中的效果是明显的：为了计算后验概率 $p(t_i \mid Q)$，只需要在与 T_g 相关的简化 polytree 中进行传播，从而提高了计算效率。

2）划分 T_g 和 T_b

接下来的问题是如何将术语集合划分为两个子集 T_g 和 T_b。这个问题类似于文本分类统计学习中的特征选择。de Campos 等给出了两种划分方法。

（1）基于频率的方法。基于频率的方法使用术语的文档频率来衡量集合中术语的好坏。某一术语的文档频率是指在整个文档集合中出现该术语的文档数目。通过使用这个频率可以将术语分为高频术语、中频术语和低频术语三个子集。

高频术语。这类术语在集合中的大量文档出现，对于区分相关或不相关文档作用不大。对于 BNR 模型，学习算法可能会将这些术语和其他术语连接，甚至连接一些低频术语。这意味着实例化其中一个低频术语，高频术语的相关概率也会增加，同时也会增加包含它的那些文档的相关概率，从而可能检索到很多不相关文档。因此，高频术语术语属于"坏的"术语。

低频术语。这些术语被集合中很少的文档索引。这些术语出现在同一篇文档中一般会有很强的独立性，从而可能会产生随机联系，当建立 polytree 时，学习算法将包含这些术语之间的连接。但是，这些术语关系并没有足够的知识或信息，包含这些连接就不能帮助提高检索系统的性能。因此，低频术语也被划分为"坏的"术语。

中等频率术语。考虑到中等频率的术语之间的依赖关系将有助于区分相关和不相关文档，以及检索出和给定查询更相关的文档，这些术语被认为是"好的"术语。

在 de Campos 等的实验中，那些出现文档少于 5 篇的术语被认为是低频术语，出现文档多于集合中文档 10% 的术语被认为是高频术语。实验表明，在保持检索性能基本不变的情况下，使用这种方法可以使 polytree 的学习和传播任务平均加快 70%。

(2) 自动选择好术语的方法。这种方法将每个术语的区分值 (term discrimination value) 和倒排文档频率信息结合起来，来划分两种术语集合。

术语区分值 (tdv) 用于衡量给定集合中一个术语区分不同文档的能力，利用基于文档的相似性度量 $S(D_i, D_j)$ 得到。令 $\overline{S}$ 为所有文档的平均相似度，$\overline{S}_i$ 为去除 T_i 后 (不使用 T_i 索引任何文档) 同样文档的平均相似度。如果一个术语有区分能力，T_i 的去除会导致平均相似度 $\overline{S}_i$ 的上升；假如去除 T_i 平均相似度的改变非常小，这个术语就不是很有用。这样，术语 T_i 的区分值就可以根据 $\overline{S}_i$ 和 $\overline{S}$ 的差来计算得到，即 $\mathrm{tdv}(T_i) = \overline{S}_i - \overline{S}$。选择 polytree 中包含的术语的标准可以是选择那些具有最高 tdv 的术语。

那些同时具有高区分值和中等大小倒排文档频率的术语即可看做是"好的术语"。本着自动处理的目标，可以使用无监督的分类 (聚类) 算法来实现不同类型术语的划分。好的术语将用来学习 polytree，而坏的术语仅包含在术语子网中，并独立于其他术语。

de Campos 等的实验表明,在 ADI 测试集上,使用这种方法可以使 polytree 的学习和传播任务平均加快 84.60%,在 CISI 测试集上提高 97.37%,在 CRANFIELD 测试集上提高 65.43%,在 CACM 测试集上提高 79.59%。

4.2.5　基于贝叶斯网络的结构化文档检索模型

贝叶斯网络可以准确地表示结构化文档的文档结构,方便地在整个网络中进行推理,从而计算出在给定查询下每个结构单元的条件概率,近年来一些研究者将贝叶斯网络应用于结构化文档检索,提出了一些检索模型,如多层贝叶斯网络模型(BN-SD)[23]、影响图模型(SID 和 CID)[24]等,为结构化文档检索提供了新的思路。

BN-SD 模型是 Crestani 等于 2004 年提出来的,它将用于传统信息检索的简单贝叶斯网络模型进行了改进,不再把一篇文档看作是一个节点,而是根据文档的结构把文档分为若干个层次,每层由若干个结构单元组成,并通过贝叶斯网络来表示这些结构单元及它们之间的关系,从而形成了一个多层的贝叶斯网络。

1)网络构造

假定一个结构化文档集合 D 由 s 个文档组成, $D = \{D_1, \cdots, D_s\}$,索引这些文档的术语集合 T 由 M 个术语组成, $T = \{T_1, \cdots, T_M\}$ 。则可以按以下原则建立贝叶斯网络:

(1)节点类型。包含两种类型的节点,结构单元节点 U_{ij} 和术语节点 T_k 。为了方便推理,模型中每一个节点同时表示一个二元变量: U_{ij} 取值范围是 $\{u_{ij}^+, u_{ij}^-\}$, u_{ij}^+ 表示结构单元 U_{ij} 在给定查询下是相关的,即该结构单元满足用户的查询需求, u_{ij}^- 表示 U_{ij} 在给定查询下是不相关的,即该结构单元不满足用户的查询需求; T_k 取值范围是 $\{t_k^+, t_k^-\}$, t_k^+ 表示术语 T_k 是相关的,即用户认为这个术语应该出现在需要的文档中, t_k^- 表示 T_k 是不相关的,即该术语不应该出现在有关文档中。

(2)弧的构造。为了简化问题,在构造网络中弧的时候遵循以下两个假设。

假设 1　模型中术语是相互独立的。

假设 2　文档节点在给定索引术语条件下独立于其他术语和文档。

以上两种假设使得模型中的有向边包括两种:一种由术语节点指向相应的第 l 层结构单元节点,表示该术语索引了相应结构单元;另一种由第 j 层的结构单元节点指向相应的第 $j-1$ 层结构单元节点 $(j = 2, \cdots, l)$,表示第

j 层结构单元隶属于相应的第 $j-1$ 结构单元。因此，模型中各种类型节点的父节点集合分别为：

$$\forall T_k \in T, Pa(T_k) = \varnothing$$

$$\forall U_{il} \in L_l, Pa(U_{il}) = \{T_j \in T \mid U_{il} \text{ 索引了术语 } T_k\}$$

$$\forall U_{ij} \in L_j, j = 1, \cdots, l-1, Pa(U_{ij}) = \{U_{h,j+1} \in L_{j+1} \mid U_{h,j+1} \subseteq U_{ij}\}$$

图 4.7 是一个 BN-SD 模型实例。

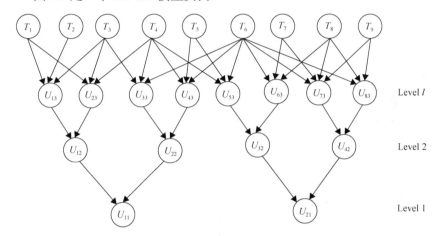

图 4.7　BN-SD 模型实例

2) 先验概率估计

确定了网络的拓扑结构后，需要估计网络中各类节点的先验概率。

(1) 术语节点 T_k 的概率估计：BN-SD 模型中术语节点 T_k 的边缘概率和 BNR 模型一样，定义为 $p(t_k) = 1/M$，$p(\overline{t_k}) = 1 - p(t_k)$。

(2) 结构单元节点 U_{il} 的概率估计：第 l 层结构单元 U_{il} 的条件概率利用 BNR 正则模型计算。

$$p(u_{il} \mid Pa(U_{il})) = \sum_{T_k \in R(Pa(U_{il}))} w_{ki} \tag{4-26}$$

其中，w_{ki} 是和索引 U_{il} 的每个术语 T_k 相关的权重，满足 $w_{ki} \geqslant 0$ 且 $\sum_{T_k \in Pa(U_{il})} w_{ki} = 1$。

在传统信息检索中，术语在文档中的权重 w_{ij} 一般采用 TF-IDF 方法，利用相同的原理 w_{ki} 可以按式 (4-27) 计算。

$$w_{ki} = \frac{tf_{k,il} \times idf_k}{\sum_{T_j \in Pa(U_{il})} tf_{j,il} \times idf_j} \tag{4-27}$$

(3) 结构单元节点 U_{ij} ($j \neq l$) 的概率估计。第 j 层结构单元 U_{ij} ($j \neq i$) 的条件概率定义为

$$p(u_{ij} \mid Pa(U_{ij})) = \sum_{U_{hj+1} \in R(Pa(U_{ij}))} p_{hi}^j \tag{4-28}$$

其中，p_{hi}^j 表示在结构单元 U_{ij} 中结构单元 U_{hj+1} 的权重，定义为

$$p_{hi}^j = \frac{\sum_{T_k \in A(U_{hj+1})} w_{kh}^{j+1}}{\sum_{T_k \in A(U_{ij})} w_{ki}^j}，满足 p_{hi}^j \geqslant 0 且 \sum_{U_{hj+1} \in Pa(U_{ij})} p_{hi}^j = 1 。$$

3) 推理过程

BN-SD 模型仍使用给定查询 Q 下所有结构单元的相关的后验概率 $p(u_{ij} \mid Q)$ 表示结构单元 U_{ij} 与查询 Q 的相关度。计算方法如下：

(1) 叶节点的条件概率 $p(t_i^+ \mid Q)$：由于术语节点是边缘独立的，因此可以按式 (4-29) 计算 $p(t_k^+ \mid Q)$

$$p(t_k^+ \mid Q) = \begin{cases} 1, & T_k \in Q \\ \dfrac{1}{M}, & T_k \notin Q \end{cases} \tag{4-29}$$

(2) 第 L_l 层结构单元的后验概率为

$$p(u_{il} \mid Q) = \sum_{T_k \in Pa(U_{il}) \cap Q} w_{ki} + \frac{1}{M} \sum_{T_k \in Pa(U_{il}) \setminus Q} w_{ki} \tag{4-30}$$

(3) 第 L_j ($j \neq l$) 层结构单元的后验概率定义为

$$p(u_{ij} \mid Q) = \sum_{U_{hj+1} \in Pa(U_{ij})} p_{hi}^j \cdot p(u_{hj+1} \mid Q) \tag{4-31}$$

于是，可以从第 l 层到第 1 层逐层计算得到需要的概率。

4) 一个实例

对于图 4.7 所示实例，假设索引数据如表 4.1 所示，用户查询 $Q = \{T_3, T_4, T_6\}$，则可以计算不同结构单元的相关概率，从而得到相关排序。

表 4.1　索引数据

术语				T_1	T_2	T_3	T_4	T_5	T_6	T_7	T_8	T_9
术语在结构单元中的频率	U_{11}	U_{12}	U_{13}	3	5	3	0	0	0	0	0	0
			U_{23}	3	0	4	4	0	0	0	0	0
		U_{22}	U_{33}	0	0	4	4	0	4	0	0	0
			U_{43}	0	0	0	6	8	5	0	0	0
	U_{21}	U_{32}	U_{53}	0	0	0	5	7	7	0	0	0
			U_{63}	0	0	0	0	0	6	5	5	0
		U_{42}	U_{73}	0	0	0	0	0	9	7	3	8
			U_{83}	0	0	0	0	0	3	0	6	5

(1) 各术语倒排文档频率 idf 为：

$idf_1 = idf_5 = idf_7 = idf_9 = \lg(8/2) + 1 = 1.60$，

$idf_2 = \lg(8/1) + 1 = 1.90$，　$idf_3 = idf_8 = \lg(8/3) + 1 = 1.43$，

$idf_4 = \lg(8/4) + 1 = 1.30$，　$idf_6 = \lg(8/6) + 1 = 1.13$。

(2) 各术语在 U_{il} 中的权重，如表 4.2 所示。

(3) 由式 (4-28) 可得：

$w(U_{13}, U_{12}) = 0.542$，　$w(U_{23}, U_{12}) = 0.458$，　$w(U_{33}, U_{22}) = 0.370$

$w(U_{43}, U_{22}) = 0.630$，　$w(U_{12}, U_{11}) = 0.451$，　$w(U_{22}, U_{11}) = 0.549$

$w(U_{53}, U_{32}) = 0.539$，　$w(U_{63}, U_{32}) = 0.461$，　$w(U_{73}, U4_{42}) = 0.658$

$w(U_{83}, U_{42}) = 0.342$，　$w(U_{32}, U_{21}) = 0.449$，　$w(U_{42}, U_{21}) = 0.551$

表 4.2　术语在结构单元中的权重

术语		T_1	T_2	T_3	T_4	T_5	T_6	T_7	T_8	T_9
术语在结构单元中的权重	U_{13}	0.258	0.511	0.231	0	0	0	0	0	0
	U_{23}	0.305	0	0.364	0.331	0	0	0	0	0
	U_{33}	0	0	0.370	0.337	0	0.293	0	0	0
	U_{43}	0	0	0	0.297	0.488	0.215	0	0	0
	U_{53}	0	0	0	0.254	0.437	0.309	0	0	0
	U_{63}	0	0	0	0	0	0.309	0.365	0.326	0
	U_{73}	0	0	0	0	0	0.264	0.291	0.112	0.333
	U_{83}	0	0	0	0	0	0.170	0	0.430	0.400

(4) 由式 (3-30)、式 (3-31) 可计算得到各结构单元的相关概率，以降序排列如下：

$p(u_{33}^+ | Q) = 1$，　$p(u_{23}^+ | Q) = 0.729$，　$p(u_{22}^+ | Q) = 0.727$，

$p(u_{11}^+ | Q) = 627$，　$p(u_{53}^+ | Q) = 0.612$，　$p(u_{43}^+ | Q) = 0.566$，…

$p(u_{83}^+ | Q) = 0.262$

可以看出，单元 U_{33} 和查询 Q 最为相关，U_{23} 次之，U_{22} 再次之，U_{83} 相关度最低。

BN-SD 模型能够比较好地处理结构化文档，但同时也存在一些问题，例如，一些包含术语少的小结构单元的相关条件概率，往往比那些包含术语多的大单元的要大，致使查询的有效性有所降低。

值得注意的是，这些模型目前还都不是很完善，把它们应用到实际中还需要进行改进。特别是这些模型都是建立在假设术语相互独立的基础上的，而实际上术语之间是存在相互关系的，并且这种关系可以挖掘出来。合理利用这些关系可以实现基于语义的检索，进而提高查询性能，这在传统的信息检索模型中已经得到了验证。

4.3 本 章 小 结

本章首先介绍了贝叶斯概率的基本概念和主要公式，然后介绍贝叶斯网络的有关知识及其应用。在此基础上重点介绍了基于贝叶斯网络的信息检索模型。

推理网络模型采用的是认识论观点，它将索引术语、文档及用户查询看作是随机变量，用网络中的节点表示，文档 d_j 的排序可以用 $p(q \wedge d_j)$ 来计算得到。信念网络模型定义了一个明确的样本空间，使得模型涉及的信念度更加直观。它实际上是一个基本框架，通过对 $P(q|u)$ 和 $P(d_j|u)$ 的不同规定，它可以包括经典的布尔模型、概率模型和向量模型。BNR 模型是贝叶斯网络系列模型中比较早提出来的，它通过挖掘索引术语之间的关系，提高了模型性能。

结构化文档是指那些不仅需要存储文档内容，而且需要存储文档结构的文档。因其存储的内容与传统文档不同，其检索也与传统文本文档检索不同。本章主要介绍了多层贝叶斯网络模型(BN-SD)的结构和检索原理。

第5章 词语之间关系及其量化方法

信息检索领域文档一般是由一组索引术语(标引词)表示的。当合理使用文档索引术语之间的关系时,信息检索系统的性能一般会得到提高。因此,如何有效地获取这些关系及如何在检索过程中使用它们,多年来一直是信息检索领域研究热点之一,为此,研究者提出了许多术语关系发现和量化方法[108]。目前用于信息检索的术语关系主要是相关词和同义词,相应地,衡量术语关系的度量主要包括词语相关性和词语相似性,可分别称作术语相关度和术语相似度。

5.1 词语相关性及其计算

目前对信息检索领域的相关词尚没有一个明确的定义,这里给出信息检索用相关词的定义如下。

定义 5-1(相关词) 相关词指意义尽管不同,但在文献中具有一定内在关系的词。

信息检索领域使用的相关词主要分两类,一类是共现(同现)词,另一类是基于本体(Otology)的关联词。

词语相关度是衡量两个词语相关程度的度量。

5.1.1 基于共现的词语相关度

共现即共同出现的意思,类似于"计算机"—"网络"、"经济"—"贸易"等,它们在一篇文献中经常同时出现,故称共现词。

共现词之间的相关度可以称为词语之间的共现度。共现度一般通过统计语料库中不同词语同时出现的频率来计算。两个词语同时出现的频率越高,则二者的相关性越大,反之越小。研究者提出了许多种词语共现度的计算方法[109~111],主要思想如下:

$$Sim(A,B) = \frac{P(A \wedge B)}{P(A \vee B)} = \frac{P(A,B)}{P(A,B) + P(A,\overline{B}) + P(\overline{A},B)} \tag{5-1}$$

其中, $P(A,B)$ 表示在语料库中 A 词和 B 词同时出现的概率; $P(A,\overline{B})$ 表示

语料库中出现 A 词不出现 B 词的概率；$P(\overline{A}, B)$ 表示语料库中不出现 A 词但出现 B 词的概率。

Chen 等对共现分析法做了一些改进[112]，提出了用于计算一个文档集合中任意两个索引术语 T_i 和 T_j 之间的相关系数（关联系数）的算法——集群算法（cluster algorithm）。考虑到人类的记忆联想过程是非对称的，所以术语相关性系数也应该是不对称的。其计算公式如式(5-2)和式(5-3)所示。

$$Weight(T_i, T_j) = \frac{\sum_{k=1}^{n}(d_{jk} \times d_{ik})}{\sum_{k=1}^{n} d_{ik}} \tag{5-2}$$

$$Weight(T_j, T_i) = \frac{\sum_{k=1}^{n}(d_{jk} \times d_{ik})}{\sum_{k=1}^{n} d_{jk}} \tag{5-3}$$

N 为文档集合包含的文档数，$Weight(T_i, T_j)$ 和 $Weight(T_j, T_i)$ 分别代表从术语 T_i 到 T_j 和 T_j 到 T_i 的相关性。其中 d_{ik} 表示术语 T_i 是否在文档 k 中（分别赋值 1 和 0），d_{jk} 表示术语 T_j 是否在文档 k 中（分别赋值 1 和 0）。公式的含义是术语 T_i 到 T_j（T_j 到 T_i）的相关度等于共同出现 T_i 和 T_j 的文档数除以出现 T_i（T_j）的文档数。

经过进一步研究，算法的提出者又根据词频(Term Frequency)、倒排文档频率(Inverse Document Frequency)原则对算法进行了较大的调整。调整之后的算法中，任意两个术语 T_i 和 T_j 之间的关联系数 W_{ij} 和 W_{ji} 分别以式(5-4)和式(5-5)计算。

$$W_{ij} = \frac{\sum_{k=1}^{N} d_{ijk}}{\sum_{k=1}^{N} d_{ik}} \times WeigtingFactor(j) \tag{5-4}$$

$$W_{ji} = \frac{\sum_{k=1}^{N} d_{ijk}}{\sum_{k=1}^{N} d_{jk}} \times WeigtingFactor(i) \tag{5-5}$$

其中：

①d_{ik} 表示在文档 k 中术语 T_i 的权重，依据 TF-IDF 来衡量：

$$d_{ik} = tf_{ik} \times \log\left(\frac{N}{df_i} \times w_i\right) \tag{5-6}$$

tf_{ik} 表示文档 k 中术语 T_i 出现的次数，df_i 表示出现术语 T_i 的文档数，w_i 表示术语 T_i 中含的单词数，N 表示文档总数量。包含多个单词的词语往往有更强的概念表达能力，因此被赋予比单词更高的权重。

②d_{ijk} 表示文档 k 中术语 T_i 和 T_j 的联合权重：

$$d_{ijk} = tf_{ijk} \times \log\left(\frac{N}{df_{ij}} \times w_i\right) \tag{5-7}$$

tf_{ijk} 表示文档 k 中术语 T_i 和 T_j 同时出现的次数，df_{ij} 表示同时出现术语 T_i 和 T_j 的文档数，w_i 表示术语 T_i 中含的单词数。

③$WeigtingFactor$ 则定义为：

$$WeigtingFactor(i) = \frac{\log(N / df_i)}{\log N} \tag{5-8}$$

$$WeigtingFactor(j) = \frac{\log(N / df_j)}{\log N} \tag{5-9}$$

$WeigtingFactor$ 用作权重策略（类似于倒排文档频率的概念）来去除通用词汇的影响。df 值大的术语权重因子很小，相应地，关联权值就小。

张涛等提出了一种基于对数频率和全局熵权重的词语相关度方法[113]，计算公式为(5-10)。

$$assco(w, cw) = \log[2(freq(w, cw) + 1)] \cdot Gew(cw) \tag{5-10}$$

其中，$freq(w, cw)$ 表示词语 w 和 cw 的共现频率。$Gew(cw)$ 表示 w 和 cw 的全局熵权重，它代表同现词语 cw 对两个词语相关性的贡献程度。

加拿大的 Peter 提出了 PMI-IR（逐点互信息）方法[114]（Pointwise Mutual Information-Information Retrieval）。该方法利用搜索引擎 AltaVista 的检索结果作为基本的数据来源，然后利用互信息计算两个词汇的同现程度，相当于利用了一个超大规模的语料库，在一定程度上解决了数据稀疏问题。计算公式为

$$Sim(A,B) = \frac{P(AB)}{P(A)P(B)} \approx \frac{hits(A \ near \ B)}{hits(A)hits(B)} \tag{5-11}$$

其中，$hits(A)$ 表示搜索到 A 的记录数，$hits(B)$ 表示搜索到 B 的记录数，$hits(A \ near \ B)$ 表示检索到 $A \ near \ B$ 的记录数。$A \ near \ B$ 表示 A 和 B 之间的距离在规定范围内。这种方法考虑了共现词语之间的距离因素，而不是简单考虑词语同时出现在一个文档中。

Higgins 在 PMI-IR 方法的基础上提出了 LC-IR 算法[115]。该算法也是利用搜索引擎 AltaVista 的检索结果对两个词的共现频率进行统计，但它要求两个词必须完全相邻，另外考虑了词汇的固定搭配、修饰词等因素对相似度的影响。如果两个词是固定搭配，计算公式如下：

$$Sim(A,B) = \frac{min(hits(AB),hits(BA))}{hits(A)hits(B)} \tag{5-12}$$

5.1.2　基于本体的术语关系及其量化方法

本体是共享概念模型的明确的形式化规范说明，它包含 4 层含义：概念模型、明确、形式化和共享。本体具有良好的概念层次结构和对逻辑推理的支持，可以通过层次网络图来表示，图中的每个节点对应一个概念，节点之间通过有向边来连接，有向边表示概念与概念之间的关联关系。

领域本体(domain ontology)是一类专业性的本体，用来描述特定领域中的概念和概念之间的关联关系，包括学科中的概念、概念的属性、概念间的关系，以及属性和关系的约束等。由于知识具有显著的领域特性，所以领域本体能够更为合理而有效地进行知识的表示。因此，本体的成功应用大都是领域本体的应用。

领域本体中的概念通常是由复合词组成，单一词语属于概念的一部分，因而一个单一词语可以映射到一个概念。利用本体的这些特性，结合本体的层次网络图，可以得到词语间的语义联系，挖掘出隐含的信息，更为全面地描述用户需求。

定义 5-2(本体关联词)　假设词语 s_i、s_j 对应的概念分别为 C_i、C_j，C_i 和 C_j 属于同一个领域本体，它们之间存在语义关联，则词语 s_i、s_j 互称本体关联词。

本体中的概念语义关联包括语义相似和语义相关。在本体层次网络图中，语义相似是指两个概念节点可以由同一个概念节点引出，语义相关是指两个概念节点有路径可达。两个概念之间的语义相似程度可以用概念之间的语义相似度度量，两个概念之间的语义相关程度用语义相关度度量。

定义 5-3（词语间本体关联度）　本体关联词之间的语义关联程度称为词语的本体关联度。本体关联词 s_i、s_j 之间的本体关联度记为 $Srd(s_i, s_j)$。

两个本体关联词之间的本体关联度可以通过它们所映射概念的语义相似度和语义相关度来计算[116,117]。

一个词语可以映射到多个概念上，同样，一个概念可以由多个词语映射。例如，对于概念"多媒体数据库"，会被分词程序会处理为"多媒体"和"数据库"两个词语；同样对于概念"多媒体操作系统"，会处理为"多媒体"和"操作系统"两个词语。词语"多媒体"被映射到了"多媒体数据库"和"多媒体操作系统"两个概念上，如图 5.1 所示。

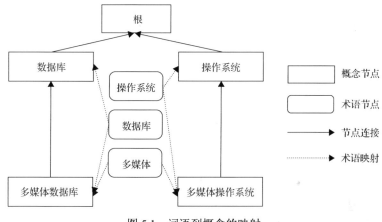

图 5.1　词语到概念的映射

本书采用最近原则来指导词语的映射方向。

对于词语 t_i、t_j，分别可以映射到概念集合 $A(c_{i1}, c_{i2}, \cdots, c_{ik}, \cdots, c_{im})$ 和 $B(c_{j1}, c_{j2}, \cdots, c_{jp}, \cdots, c_{jn})$ 上，计算概念集合 A 和 B 中的任意两个概念 c_{ik} 和 c_{jp} 的本体关联度，将其最大值作为 t_i 和 t_j 的词语本体关联度：

$$Srd_{\text{term}}(t_i, t_j) = \max(Srd(c_{ik}, c_{jp})) \tag{5-13}$$

概念之间的语义相似度和语义相关度计算方法如下：

(1) 语义相似度的计算。

语义相似度根据本体概念之间的语义距离来计算。语义距离是指概念在领域本体层次网络中的最短路径。语义距离越近，语义相似程度越高；反之则越低。

设 $dep(c)$ 表示概念 c 在层次树中的深度，s_i 和 s_j 为层次树上由概念 c

引出的两个概念，s_i 和 s_j 的语义距离计算公式为

$$Dis(s_i, s_j) = \sum_{i=1}^{t} w_i(c) \tag{5-14}$$

其中，$w_i(c) = \dfrac{1}{2^{dep(c)}}$，$t$ 为 s_i 到 c 与 s_j 到 c 的有向边之和数。s_i 和 s_i 之间的语义相似度计算公式为

$$Sim(s_i, s_j) = 1 - \left(\frac{Dis(s_i, s_j)}{2 \times Dis_{\max}} \right)^{1/\mu} \tag{5-15}$$

其中，$Dis_{\max} = 2 \times \left(1 - \dfrac{1}{2^{\text{MaxDep}}} \right)$，MaxDep 为层次树的最大深度；$\mu$ 是一个可调节的参数。

(2)语义相关度的计算。

语义相关度根据本体层次网络中各节点的连接类型和关联关系类型计算。连接类型分为直接连接和间接连接。直接连接是指两个节点通过一条有向边相连，间接连接是指两个节点通过多条($\geqslant 2$)有向边间接连接的。关联关系类型分为继承关系、整体-部分关系、概念-实体关系和概念-属性关系。语义相关度的计算公式为(5-16)。

$$Rel(s_i, s_j) = \frac{\omega}{\omega + Len_{\text{rel}}(s_i, s_j)} \times \beta \tag{5-16}$$

其中，ω 为调节参数；$Len_{\text{rel}}(s_i, s_j)$ 为两个概念间的最短路径长度；β 为连接类型的参数。β 的取值方法为

$$\beta = \begin{cases} w_{\text{rel}}, & s_i、s_j \text{直接联接} \\ \sum_{g=1}^{r} (w_g / r), & s_i、s_j \text{间接连接} \end{cases} \tag{5-17}$$

其中，w_{rel} 代表不同关联关系的权值。例如，一个权值设定实例可以为：继承关系，$w_{\text{rel}} = 0.9$；整体-部分关系，$w_{\text{rel}} = 0.8$；概念-实例关系，$w_{\text{rel}} = 0.75$；概念-属性关系，$w_{\text{rel}} = 0.5$。w_g 为 s_i 与 s_j 的最短路径上第 g 条有向边的 w_{rel} 取值。r 为最短路径上的有向边数，$r = Len_{\text{rel}}(s_i, s_j)$。

（3）本体关联度的计算。

综合语义相似度和语义相关度，s_i 和 s_j 本体关联度的计算公式：

$$Srd(s_i, s_j) = \alpha \cdot Sim(s_i, s_j) + (1-\alpha) \cdot Rel(s_i, s_j) \tag{5-18}$$

其中，α 为调节参数，表示语义相似度在本体关联度计算中的比重。

5.2　词语相似性及其度量

同义词本是语言学上的一个概念，大多数学者主张同义词包括两类：一类是意义完全相同的词，一类是意义不完全相同的词[108]。按照辞海的解释，同义词是指"意义相同或相近的词，相同的叫等义词，相近的叫近义词"。和相关词比起来，同义词的研究具有更长的历史，也产生了更为丰富的识别方法。

5.2.1　信息检索用同义词的定义

在信息表示和信息检索领域，同义词的概念并不等同于语言学和日常生活中的同义词，其不考虑感情色彩和语气，主要是指能够相互替换、表达相同或相近概念的词或词组。

用于信息检索的同义词主要分为四类。

（1）等价词和等义词或词组，即意义完全相等的词。如电脑—计算机、自行车—脚踏车等。

（2）准同义词和准同义词词组，即意义基本相同的词和词组。如边疆—边境、住房—住宅等。这类词在同义词中占很大的比例。

（3）某些过于专指的下位词。例如，在词表中只使用"球类运动"，而没有在下面列举出"门球""毽球""网球"等词，这些过于专指的下位词也被看作同义词。

（4）极少数的反义词。这类词描述相同的主题，但所包含的概念互不相容，如平滑度—粗糙度等。

5.2.2　同义词词典

由于同义词在信息检索中的重要性，十几年来许多研究者投入了大量精力，研制出一些同义词词典，介绍如下：

（1）Wordnet。

Wordnet[118]是美国普林斯顿大学认知科学实验室开发的，一部在线的、基于心理语言学原则的词典数据库系统。它本质上是一个词汇概念网络，描述了概念间的各种语义关系。它和标准词典之间的区别就是它把英语单词分为名词、动词、形容词、副词和虚词五类(实际上只包括四类，未包括虚词)，然后按照词义，而不是词形来组织词汇信息。在 Wordnet 中，概念就是同义词的集合，Wordnet 通过同义词集合表示概念，通过概念间的关系描述英语概念间复杂的网状语义关系[119]。目前的 Wordnet 包含了 95600 个词形，其中简单词 51500 个，复合词 44100 个。这些词形被组织成 70100 个词义或同义词集，描述了上下位、同义、反义、部分—整体等词汇语义关系。

Wordnet 已经成功地用于词义消歧、语言学自动处理、机器翻译和信息检索系统，在国际计算语言学界已有相当影响。2001 年成立了 Wordnet 研究学会，2002 年于印度召开了第一届 Wordnet 国际会议。许多国家都已着手实施构造本民族语言的 Wordnet，例如，欧洲有 Eurowordnet，韩国有 Koreanwordnet，等等。

张俐等在 Wordnet 的基础上探讨了中文 Wordnet 的实现[120]。中文 Wordnet 以 Wordnet 中的概念间关系为基础，以半自动方式创建了一个适用于中文信息处理的系统。

(2)《同义词词林》。

《同义词词林》[121](以下简称《词林》)是 20 世纪 80 年代出版的一部对汉语词汇按语义全面分类的词典，收录词语近 7 万条。《词林》根据汉语的特点和使用原则，确定了词的语义分类原则：以词义为主，兼顾词类，并充分注意题材的集中。它将词义分为大、中、小类三级，共分 12 个大类(A 类为人，B 类为物，C 类为时间与空间等)，94 个中类，1428 个小类，小类下再以同义词原则划分词群，每个词群以一标题词立目，共 3925 个标题词。《词林》语义结构可用树来表示，如图 5.2 所示[122]。

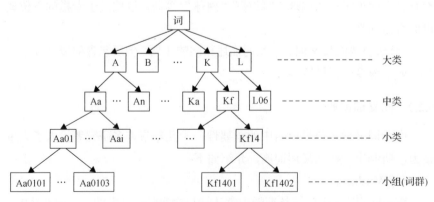

图 5.2　词林语义结构树

（3）中文概念词典。

中文概念词典[123,124]（Chinese Concept Dictionary，CCD）是北京大学计算语言学研究所开发的，与 Wordnet 兼容的汉语语义词典。CCD 继承了 Wordnet 的主要结构、概念及语义关系，并结合中文特点进行了调整和发展。

为了与 WordNet 格式兼容，CCD 将中英文分离，形成独立的中文概念词典数据库，并把数据库格式的数据转写为 WordNet 格式数据文件和索引文件，从而保证了 CCD 阶段成果的封闭性。截至 2002 年 4 月，项目组按期完成了总计多达 30000 个与 WordNet 兼容的双语概念的加工，提取出了相对独立的中文概念词典，并且顺利通过了合作单位北佳公司的阶段考核和验收，已经得到初步应用。

（4）《知网》。

按照《知网》创造者董振东先生自己的说法，《知网》并不是一个在线的词汇数据库，不是一部语义词典，而是一个以汉语和英语的词语所代表的概念为描述对象，以揭示概念与概念之间及概念所具有的属性之间的关系为基本内容的常识知识库[125,126]。

与传统的语义词典（如《同义词词林》或 Wordnet）不同，在《知网》中，并不是将每一个概念对应于一个树状概念层次体系中的一个节点，而是通过用一系列的义原，利用某种知识描述语言来描述一个概念。而这些义原通过上下位关系组织成一个树状义原层次体系。

"概念"是对词汇语义的一种描述。每一个词可以表达为几个概念。"义原"描述了概念的属性，是用于描述一个"概念"的最小意义单位。每一个概念可以使用几个"义原"，通过一种"知识表示语言"来描述。

5.2.3　词语相似度

1. 词语相似度的定义

刘群等在文献"基于《知网》的词汇语义相似度计算"中指出，"词语相似度是一个主观性相当强的概念。脱离具体的应用去谈词语相似度很难得到一个统一的定义"。只有在具体的应用中词语相似度的含义才能比较明确。其对用于机器翻译的词语相似度定义为"两个词语在不同的上下文中可以互相替换使用而不改变文本的句法语义结构的程度"。

在信息检索中，词语相似度主要反映的是词语的语义相似性，也就是词语间语义关系的数量化。因此，相对于信息检索领域，本书对词语相似度给出如下定义：

定义 5-4(词语相似度)　词语相似度是用来衡量两个词语在查询中或文档中意义相符程度的度量。词语 w_1 和 w_2 的相似度记为 $Sim(w_1, w_2)$。

词语相似度是一个数值，取值范围为[0,1]。

词语相似度是同义词识别的基本方法。一般来说，如果两个词语之间的意义越相近，则它们之间的相似度越高，否则相似度越低。一个词语与它本身的相似度为 1。一个词语与它的等义词之间的相似度也是 1。

2. 基于《同义词词林》的词语相似度计算

章成志等研究了利用《同义词词林》计算词语相似度的问题，提出了一种基于语义体系的词语相似度计算方法[122]。

首先，计算语义编码间的语义相似度。

从图 5.2 可以看出，根据《词林》的语义树，每一个词语都可以对应一个语义编码。一个语义编码包含一个大写字母、一个小写字母和一组数字。大写字母表示词语对应的大类，小写字母对应对应的中类，前两位数字对应小类，后面的数字对应所属小组，即：

$$[语义编码] => (大类)(中类)(小类)(小组)$$
$$(大类) => (大写英文字母)$$
$$(中类) => (小写英文字母)$$
$$(小类) => (数字)(数字)$$
$$(小组) => (数字)$$

定义两语义编码(S_1 和 S_2)间的语义距离 $D(S_1, S_2)$ 为语义树中从结点 S_1 到 S_2 最短路径的长度。

定义语义编码 S_1、S_2 之间的语义相似度为它们语义距离的倒数，即

$$Sim(S_1, S_2) = \begin{cases} 1, & D(S_1, S_2) = 0 \\ 1/D(S_1, S_2), & 其他 \end{cases} \tag{5-19}$$

然后利用语义编码的语义相似度可以计算得到词汇和词组间的语义相似度。

词汇语义相似度的计算方法是：将词汇映射到《词林》语义空间，获得相应的语义编码，语义编码的语义相似度就是词汇的语义相似度。

词组的语义相似度计算方法如下：

(1)利用正向最大匹配法将其分隔成义类词。例如，"商务管理系统"可以切分为"商务"、"管理"和"系统"。

(2)提取切分后义类词的语义编码，构成语义编码集。如"商务"、"管

理"和"系统"的编码分别是 Da010140、Hc020101、Dd060101，可构成编码集：S_1 = {Da010140、Hc020101、Dd060101}。

(3)计算语义编码集中各语义编码间的语义相似度。

(4)计算平均相似度，作为两个词组之间的语义相似度。

3. 基于《知网》的词语相似度计算

基于《知网》的相似度计算方法充分利用了《知网》中对每个词语描述时的语义信息，得到的结果与人的直觉比较符合，词语相似度值刻划的也比较细致。基本方法如下：

(1)两个词语的相似度为其包含的义项相似度的最大值。

在《知网》中，词语由若干个义项组成。假设词语 w_1 有 n 个义项：$w_{11}, w_{12}, \cdots, w_{1n}$，词语 w_2 有 m 个义项：$w_{21}, w_{22}, \cdots, w_{2m}$，则定义 w_1 和 w_2 的相似度为各个义项的相似度之最大值，即

$$Sim(w_1, w_2) = \max_{i=1,\cdots,n, j=1,\cdots,m} Sim(w_{1i}, w_{2j}) \qquad (5\text{-}20)$$

这样，两个术语之间的相似度问题就归结为两个义项之间的相似度问题。

(2)两个义项的相似度为其包含义原相似度的加权和。

义项一般用若干个义原通过义原表达式来表示，义原是描述义项的最小意义单位。为了计算义项的相似度，研究者将一个义项的义原分为四部分：第一独立义原描述式(描述了该词语的最基本的语义特征)、其他独立义原描述式、关系义原描述式和符号义原描述式。义项 S_1、S_2 的四种义原表达式的相似度分别记为：$Sim_1(S_1, S_2)$、$Sim_2(S_1, S_2)$、$Sim_3(S_1, S_2)$ 和 $Sim_4(S_1, S_2)$，则它们之间的相似度可按式(5-21)计算。

$$Sim(S_1, S_2) = \sum_{i=1}^{4} \beta_i Sim_i(S_1, S_2) \qquad (5\text{-}21)$$

其中，$\beta_i (1 \leq i \leq 4)$ 是可调节的参数，且有：$\beta_1 + \beta_2 + \beta_3 + \beta_4 = 1$，$\beta_1 \geq \beta_2 \geq \beta_3 \geq \beta_4$。后者反映了 Sim_1 到 Sim_4 对于总体相似度所起到的作用依次递减。为了防止有时 Sim_1 非常小的不合理情况，将式(5-21)修订为

$$Sim(w_{1i}, w_{2j}) = \sum_{k=1}^{4} \beta_k \prod_{l=1}^{k} Sim_l(w_{1i}, w_{2j}) \qquad (5\text{-}22)$$

如果某一部分的对应义原为空，那么我们规定其相似度为一个比较小的常数（δ）。

(3) 第一独立义原描述式相似度的计算。

第一独立义原描述式相似度的计算公式为

$$Sim_1(w_{1i}, w_{2j}) = \frac{\alpha}{d + \alpha} \qquad (5-23)$$

其中，d 是 S_1 和 S_2 在义原层次体系中的距离，是一个正整数。显然，两个义原间的距离越大，其相似度越低。α 是一个可调节的参数。

(4) 其他独立义原描述式相似度的计算。

其他独立义原描述式相似度的计算方法如下：

首先，把两个表达式的所有独立义原（第一个除外）任意配对，根据式 (5-23) 计算出所有可能配对义原的相似度；

然后，取相似度最大的一对归为一组；

第三，在剩下的独立义原配对的相似度中，取最大的一对归为一组，如此反复，直到所有独立义原都完成分组；

第四，将各组义原相似度加权平均。

(5) 关系义原描述式相似度的计算。

关系义原描述式相似度的计算方法为：把关系义原相同的描述式分为一组，根据义原相似度计算公式计算每一组的相似度，然后求加权平均。

(6) 符号义原描述式相似度的计算。

计算方法同关系义原描述式。

4. 其他词语相似度方法

1) 基于字面相似度原理的词语相似度计算

德国卡尔斯鲁厄大学的 Marc 等提出了基于英语单词字面的相似度计算方法，又称编辑距离法[127]。具体计算方法如下：

$$Sim(L_i, L_j) = \max(0, \frac{\min(|L_i|, |L_j|) - ed(L_i, L_j)}{\min(|L_i|, |L_j|)}) \qquad (5-24)$$

其中，$|L_i|$ 指单词 L_i 的长度，$ed(L_i, L_j)$ 指一个单词转化为另一个单词所需要的最小编辑操作的个数，即一个单词需要经过多少步修改才能变成另外一个单词。编辑操作包括"插入字符""删除字符"和"替换改写字符"三种。

基于英语单词字面的相似度计算方法噪声比较大，两个没有任何语义关系单词的相似度却可能具有较高的相似度值。如 Power 和 Tower 的相似度为 4/5。

王源等提出了一种基于字面的相似度算法[128]，该算法考虑了两个影响因素：匹配的字数，称为匹配度；词序的位置，称为匹配序。其中匹配度的影响占 60%，匹配序的影响占 40%。基本公式如下：

$$M = 60 \times \left[\left(\frac{QWM}{QW} + \frac{LWM}{LW} \right) \Big/ 2 \right]$$
$$+ 40 \times \left[\frac{LW}{QW} \right] + DP - \frac{QWO - LWO}{LW} \tag{5-25}$$

其中，QWM 为提问词中匹配字的总数；QW 为提问词中字的总数；LWM 为库内词中匹配的字的数目；LW 为库内词中字的总数；DP 为匹配字的位置差的倒数和；QWO 为提问词中起始匹配词的序号；LWO 为库内词中起始匹配词的序号。

吴志强对王源等提出的字面相似度算法进行了改进[129]，引入了重心后移原则，即表达某一专指概念的词语，其主体重心往往在词的后半部分。因此对词语中各个语素进行了不同的加权处理，具体公式如下：

$$Sim = 60 \times \frac{1}{2} \times \left(\frac{xsword}{ctrlword} + \frac{xsword}{keyword} \right)$$
$$+ 40 \times dp \times \frac{1}{2} \times \left(\sum \frac{c\_xsword(i)}{\sum ctrlword(i)} + \sum \frac{k\_xsword(i)}{\sum keywod(i)} \right) \tag{5-26}$$

其中，$xsword$ 表示两词相似词的个数；$ctrlword$ 表示被匹配词汇所含字的个数；$keyword$ 表示待匹配词汇所含字的个数；$\sum \frac{c\_xsword(i)}{\sum ctrlword(i)}$ 表示两个词汇含有的相同的字在待匹配词中所处位置的权数之和；$\sum \frac{k\_xsword(i)}{\sum keywod(i)}$ 表示两个词汇含有的相同的字在被匹配词中所处位置的权数之和；dp 表示位置系数，其值为被匹配词与待匹配词总字数之比。

2) 基于大规模语料库的词语相似度计算

基于大规模语料库计算词语相似度的基本思路是：一个词语的上下文环境中包含有丰富的、有关该词的语义信息。如果两个词语上下文中的这些信息是相似的，则这两个词语也是相似的。

该方法一般事先选择一组特征词，然后计算这一组特征词与每一个词的相关性，则每一个词都可以得到一个相对于特征词的相关性向量，这两个相关性向量之间的相似度就可以作为这两个词的相似度度量。

特征词语的选择直接影响词语相关的计算，因此要选择对目标词语具有较强约束力的词语。在汉语中具有较强上下文约束关系的词性对包括：形容词—名词、动词—名词、名词—动词、形容词—动词等。因此，如果计算两个名词的相关度，一般考虑它们的上文的动词和形容词及下文的动词。

5.3　一种基于共现分析法改进的 PF-IBF 方法

Wikipedia 是当今互联网上最大的百科词典之一，它的知识覆盖全面，具有丰富的超链接关系和特定的概念标识，已经成为一个比较成熟的语料库。近年来，一些研究者开始研究如何利用 Wikipedia 语料库来计算概念间的关联关系。

5.3.1　PF-IBF 方法

2006 年 Strube 提出一种计算 Wikipedia 中概念间相关程度的 WikiRelate 算法，这种算法利用概念间的最短路径来定义概念间的关系，可以有效地计算已给定的两个概念的相关度[130]。但该方法建立关联词典时需要提取所有的概念对来进行计算，计算量非常庞大，实现起来十分困难。另外，当概念间仅仅是导航关系而不是语义关系时，种类距离并不能表示两个概念间的关联程度。2007 年 Nakayama 等针对 WikiRelate 方法的缺陷，提出了通过计算概念间路径条数和路径长度来获得概念间关联度的 PF-IBF（Path Frequency-Inversed Backword Link Frequency）方法[131]。近几年，WikiRelate 算法的思想已经得到成功应用，人们已经根据该方法建立了英文与日文的关联词典。

PF-IBF 方法将 Wikipedia 中的概念和概念间的超级链接抽象为有向图 $G = (V, E)$。其中 V 表示概念的集合，E 表示超链接的集合。超链接 e_k 以 v_i 为起点，v_j 为终点，则 e_k 为 v_i 的指出型链接，v_j 的指入型链接。(v_i, v_j) 用来表示概念间的相关度。影响 (v_i, v_j) 的因素主要有从 v_i 到 v_j 的路径数量和从 v_i 到 v_j 每条路径的长度。路径数量越多，关联程度越大；路径长度越长，关联程度越小。另外，如果一个概念的指入型链接数量过多则说明它是一个普通的概念，这个概念在相关关系判断过程中不具有代表性。

PF-IBF 方法的计算过程如下：

(1)将指出型链接抽象成概念的关联矩阵 A。其元素 a_{ij} 表示概念 i 到概

念 j 直接链接的路径。如果存在直接链接的路径，则 a_{ij} 取值为 1，否则取值为 0。

(2)将矩阵 A 与它的转置 A^{T} 进行求和，得到 A'。

$$A' = A + A^{\mathrm{T}} \tag{5-27}$$

其中，A' 表示概念间的直接链接矩阵。例如，a'_{ij} 表示概念 i 与概念 j 之间的链接数量。A^{T} 表示指入型链接矩阵，A 表示指出型链接矩阵。

(3)通过对于 A' 进行幂运算，将得到间接路径相应长度的路径条数。例如，在 A'^n 中，元素 a'^n_{ij} 表示在路径长度为 n 的情况下，从概念 i 到概念 j 的路径条数为 a'^n_{ij}。又因为被链接的次数越多该概念就越缺乏代表性，应该降低其权重。所以在计算 a'_{ij} 是应通过式(5-28)进行替换。

$$a'_{ij} = a'_{ij} \times \log \frac{N}{\left| B_{v_j} \right|} \tag{5-28}$$

其中，$\left| B_{v_j} \right|$ 表示概念 v_j 的被链接数；N 表示概念总数。

(4)通过对于矩阵 $A'^1, A'^2, \cdots, A'^n$ 进行求和，将获得概念间的PF-IBF值。

$$pfibf(i, j) = \sum_{j=l}^{n} \frac{1}{d(n)} \times a'^l_{ij} \tag{5-29}$$

其中，$d(n)$ 表示的是一个以路径长度为变量的单调增加函数。

5.3.2　利用共现分析法对 PF-IBF 方法的改进

Wikipedia 是一部处在完善过程中的百科全书，所以很多术语没有被作为概念纳入其中。因此，仅仅使用概念间的链接关系来建立关联词典将遗漏很多词条和关联关系。例如，在"计算语言学"概念中，"语音合成""语音识别""信息检索""信息抽取"都属于"计算机语言"的应用范畴，都与"计算语言学"具有相关性。但是"信息检索""信息抽取"和"问答系统"不是 Wikipedia 的概念，通过单纯的 PF-IBF 方法难以计算他们的相关度。

针对以上问题，结合共现分析思想，可以做如下假设：

假设 1　每篇解释文档对应一个概念，术语在解释文档中出现则说明该术语与该概念相关，而且出现的次数越多关联越大。

假设 2　Wikipedia 的每一个概念都可以确定它的分类，在同一类中术语之间相关度大于与其他类术语之间的相关度。

根据以上的假设，可以将 PF-IBF 算法过程改进[132]，改进后的具体过程如下：

(1)将 Wikipedia 的单一概念解释文本定义为分析单元，将某一类的 Wikipedia 概念定义为相关概念集合。

(2)对 Wikipedia 的解释页面进行分词处理，统计词频，去停用词。将词频大于某一阈值 α 的词定义为候选词语，获得候选词语集合 T'。

(3)利用专业词典对词语集合进行筛选，将 T' 中未出现在专业词典中的术语去除，剩下的术语组成集合 T。

(4) T 中每一术语做为扩展概念，在出现该术语的解释文档中加入指向该术语(概念)的指入型链接。

概念链接拓扑结构和关联矩阵的变化如图 5.3 所示。其中，7 和 8 为通过专业词典扩展后的概念。

(5)得到扩展后的关联矩阵 EA，以及其转置 EA^{T}。

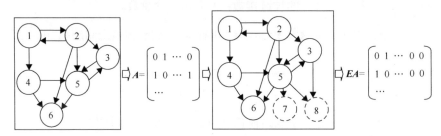

图 5.3　概念链接拓扑结构和关联矩阵的变化图

(6)计算 EA'，将 EA 与它的转置 EA^{T} 进行求和，得到 EA'，公式如下：

$$EA' = EA + EA^{\mathrm{T}} \tag{5-30}$$

其中，EA' 表示概念间的直接链接矩阵。例如，ea'_{ij} 表示概念 i 与概念 j 之间的链接数量，其中包括指入型链接和指出型链接。

(7)当术语的指入型链接过多时说明该术语缺乏代表性，应降低该术语的权重。所以在计算 a'_{ij} 时应通过下面的方法进行替换：

$$ea'_{ij} = ea'_{ij} \times \log \frac{N}{B_{v_j}} \tag{5-31}$$

(8)通过对于 EA' 进行幂运算，得到间接路径相应长度的路径条数。在

每次的幂运算中进行去回路处理：$\{ea_{ij}^{\prime l}=0|i=j\}$。即在进行 $\boldsymbol{EA}'$ 的第 l 次幂运算后，当 $i=j$ 时，$ea_{ij}^{\prime l}=0$。

（9）通过对于关联矩阵 $\boldsymbol{EA}'^1,\boldsymbol{EA}'^2,\cdots,\boldsymbol{EA}'^n$ 进行求和，将获得概念间的关联度 r。公式如下：

$$r(i,j)=\sum_{j=l}^{n}\frac{1}{\log(n)}\times ea_{ij}^{\prime l} \tag{5-32}$$

5.3.3　实验及评测

1. 测试数据

测试数据来源为 Wikipedia 2010 年 3 月 16 日 pages-articles 数据库，共包含 710751 个词条。从中选取计算机技术类的专业词条作为实验用的文档集，共获得分类 1368 个，搜索获得相关的术语 1438 个。通过 PF-IBF 方法计算出相关词词典，获得关联关系 41999 条，共现分析中的阈值 $\alpha=3$，专业词典中的术语权重为 5。

2. 实验结果及评测

使用改进后的算法对文档集进行提取，获得术语 3543 条，关联关系 253275 条。获得的词条数是原来的 246%，关联关系为原来的 604%。

为了判断关联关系提取的准确度，可以采取人工判断方式进行实验。

（1）从所得关联词典中随机抽取出 5 个术语及每个术语的关联关系，并且将这些关联关系依据关联度由高到低进行排列。五个术语分别为：代码复用、版本发布通知、终端、分类网络、用户数据报协议。

（2）在判断时，将关联关系分为相关、一般相关和无关三种，权重分别为 $\alpha=1$、$\beta=0.5$ 和 $\gamma=0$，则关联关系准确度可以利用式 (5-33) 计算如下：

$$\eta=\frac{\alpha\times n+\beta\times m+\gamma\times t}{n+m+t} \tag{5-33}$$

其中，η 为准确度，作为评定建立关联词典优劣的标准；n 为相关的术语个数；m 为一般相关的个数；t 为不相关的个数。

（3）通过 7 名同学在互不干扰的情况下分别对 5 个术语的关联关系进行判断，利用式 (5-33) 计算得到每个术语关联关系准确度，最后求 7 人的平均值。

评测结果如表 5.1 所示。

表 5.1　改进 PF-IBF 的准确度比较

查询术语	PF-IBF			改进 PF-IBF 法		
	top10	top20	top30	top10	top20	top30
代码复用	0.54	0.48	0.45	0.76	0.61	0.56
版本发布通知	0.49	0.44	0.38	0.5	0.44	0.41
终端	0.7	0.54	0.49	0.74	0.61	0.57
分类网络	0.97	0.72	0.67	0.94	0.69	0.57
用户数据报协议	0.97	0.69	0.56	0.72	0.59	0.56
平均准确率	0.734	0.574	0.51	0.732	0.588	0.534

5 个术语通过两种方法生成的关联关系排名前 10 的平均准确率分别为 0.734 和 0.732。排名前 20 的平均准确率分别为 0.574 和 0.588。前 30 的平均准确率分别为 0.51 和 0.534。

实验结果表明，基于共现分析法改进的 PF-IBF 方法在不降低关联词典准确性的情况下，丰富了关联词典中的术语数和关联关系数，可以有效地完善关联词典。

需要说明的是，其一，Wikipedia 百科词典数据非常庞大，而且处于不断完善之中，因此利用其挖掘词语之间关系的方法还有很多需要研究之处；其二，改进方法需处理的术语数和关系数比较庞大，时间开销较大，如何使得扩展的词语和关联关系更为准确，有效去除效用不好的数据，仍需进一步研究。

5.4　本 章 小 结

用于信息检索的术语关系主要是相关词和同义词。在信息表示和信息检索领域，相关词是指意义尽管不同，但在文献中具有一定关联的词，主要分两类，一类是共现(同现)词，另一类是基于本体(Otology)的关联词。同义词是指能够相互替换、表达相同或相近概念的词或词组，但不等同于语言学和日常生活中的同义词，其不考虑感情色彩和语气。相应地，衡量术语关系的度量主要包括术语相关度和术语相似度。

共现词之间的相关度可以称为词语之间的共现度。共现度一般通过统计语料库中不同词语同时出现的频率来计算。两个词语同时出现的频率越高，则二者的相关性越大，反之越小。本体是共享概念模型的明确的形式化规范说明，具有良好的概念层次结构和对逻辑推理的支持，利用本体的固有特性可以得到词语间的语义联系，称为术语的本体关联度。十几年来研究者提出了多种共现度计算方法和基于本体的术语相关度算法。

词语相似度是用来衡量两个词语在查询中或文档中意义相符程度的。一般来说，如果两个词语之间的意义越相近，则它们之间的相似度越高，否则相似度越低。词语相似度的计算包括基于字面、基于大规模语料库和基于语义词典等几种方法。

第6章　基于术语关系的信念网络模型扩展

由 Ribrio-Neto 和 Muntz 于 1996 年提出的信念网络模型主要考虑了查询、术语和文档三种变量之间的关系，没有考虑术语和术语之间、文档和文档之间的关系，因此无法实现基于语义的检索。

本章介绍利用查询术语同义词和索引术语关系对信念网络模型进行扩展的有关研究。

6.1　基于查询术语同义关系的信念网络模型扩展

2007 年徐建民等提出一种利用查询术语同义关系对信念网络模型进行扩展的方法[36]。该方法不改变原信念网络模型的拓扑结构，利用词语之间的同义关系对查询术语和索引术语之间关系重新进行了定义，实现了有效利用术语间同义关系的目的。

6.1.1　基本概念

首先引入几个基本概念。

定义 6-1（最优同义词）　设词语 t_j 是词语 t_i 的一个同义词，如果它们之间的词语相似度满足 $Sim(t_j,t_i) > \beta$ ，则词语 t_j 称为词语 t_i 的最优同义词，记作 $t_j \theta t_i$ 。其中 β 是一个常数（ $0 \leqslant \beta \leqslant 1$ ），表示用户设定的阈值。

显然，词语 t_i 与其本身是最优同义词， $Sim(t_i,t_i) = 1$ 。

定义 6-2（相似概念）　设 $u = (tu_1, tu_2, \cdots, tu_n)$ ， $v = (tv_1, tv_2, \cdots, tv_n)$ 均为信念网络模型的中的两个概念，如果概念 u 中的每一个术语 tu_i 都能在概念 v 找到一个与其相对应的最优同义词 tv_j ，反之亦然，则概念 u 和 v 称为相似概念，记为 $u \approx v$ 。

概念 u 和 v 为相似概念，则意味着概念 u 和概念 v 中的术语（基本概念）能够构成一一对应的同义词关系。

定义 6-3（概念相似度）　若概念 $u = (tu_1, tu_2, \cdots, tu_n)$ 和 $v = (tv_1, tv_2, \cdots, tv_n)$ 为相似概念，则 u 和 v 的相似度定义为它们每一对最优同义词之间词语相似度的平均值，记为 $CSim(u,v)$ 。其计算公式为

$$CSim(u,v) = \begin{cases} \dfrac{1}{n} \times \displaystyle\sum_{i=1}^{n} Sim(tu_i, tv_j), & u \approx v \text{且} tu_i \theta tv_j \\ 0, & \text{其他} \end{cases} \tag{6-1}$$

概念相似度是一个数值，取值范围为[0,1]。显然，一个概念和其本身的相似度为 1，如果两个概念为非相似概念则它们之间的相似度值为 0。

由于相似概念 u、v 本身所包含的某些术语可能互为最优同义词，即概念 u 中的某词语在概念 v 中的最优同义词不止一个，反之亦然，所以概念 u、v 之间最优同义词的一一对应关系可能不止一种。下面给出计算概念相似度的一种算法。

(1) 从概念 v 中选择与概念 u 的第一个术语相对应的最优同义词(可能不止一个)并计算其相似度,选择与其相似度最大的一个构成一个同义词对;

(2) 从概念 v 所剩余的术语中选择与概念 u 的第二个术语相对应的最优同义词(可能不止一个)并计算其相似度，选择与其相似度最大的一个构成一个同义词对;

(3) 如此循环,直到两个概念间的所有术语都建立一一对应的最优同义词关系;

(4) 计算所有最优同义词对的相似度值的平均值,即得两个相似概念的相似度。

6.1.2　模型拓扑结构

基于查询术语相似关系扩展的信念网络模型记为 SQ-Ebn(Extended Belief Network Model based on Similarity of Query-term)模型，扩展模型仍采用 Ribrio-Neto 等在文献[18]中所述的基本模型的拓扑结构(见图 3-3)，但依据词语间的同义关系，对弧的含义重新定义如下:

(1) 若 k_i 是组成查询 q 的一个术语，或者 k_i 是某个查询术语的最优同义词，则自术语节点 k_i 有一条弧指向查询节点 q。

(2) 若术语 k_i 是文档 d_j 的一个索引术语，则自术语节点 k_i 有一条弧指向文档节点 d_j。

(3) 术语节点之间没有弧，表示术语之间相互独立。同理文档节点之间也不存在弧。

6.1.3　文档检索

SQ-Ebn 模型的拓扑结构和基本模型相同，故其文档检索仍可按公式

$P(d_j|q)=\eta\sum\limits_{u}P(d_j|u)\times P(q|u)\times P(u)$ 完成。

由于 SQ-Ebn 模型的拓扑结构中主要根据词语间的同义关系修改了术语 k_i 和查询 q 之间的弧,所以,公式中的 $P(u)$ 和 $P(d_j|u)$ 仍按基本模型中

规定,即 $P(u)=\left(\dfrac{1}{2}\right)^t$、$P(d_j|u)=\dfrac{\sum\limits_{i=1}^{t}w_{i,dj}\times w_{i,u}}{\sqrt{\sum\limits_{i=1}^{t}w_{i,dj}^2}\times\sqrt{\sum\limits_{i=1}^{t}w_{i,u}^2}}$ 来计算。对于 $P(q|u)$,

则需按弧的含义重新定义,有以下三种定义方式:

(1)查询术语与其同义词等价处理。

$$P(q|u)=\begin{cases}1, & q\simeq u\\ 0, & 其他\end{cases} \tag{6-2}$$

这种方式对于任一查询术语 kq_i 来说,不仅考虑了 kq_i 与索引术语集合中相同术语之间的匹配关系,同时考虑了 kq_i 与其同义词的匹配关系,但 kq_i 与其同义词等价处理,即对于查询 q 的一个术语 kq_i 来说,只要在 u 中存在 kq_i 的同义词,都视同 kq_i 本身。

这种方式的优点是,不仅考虑了查询术语本身的匹配,也考虑了查询术语与其同义词之间的匹配,而且计算简单;缺点是没有考虑查询术语本身和查询术语同义词之间的区别,毕竟查询术语的同义词并不等同于其本身。

(2)查询术语与其同义词非等价处理,但所有同义词权重相同。

设查询 q 包含的查询术语在概念 u 中共有 m 个最优同义词,其中的 m_u 个为 q 中的查询术语,则定义

$$P(q|u)=\begin{cases}\dfrac{m_u}{m}+\alpha\left(1-\dfrac{m_u}{m}\right), & q\simeq u\\ 0, & 其他\end{cases} \tag{6-3}$$

式(6-3)中 α 是一个调节参数,$0\leqslant\alpha\leqslant1$,用于调节同义词的权重。

式(6-3)假定 q 中的每一个术语所占比重相同,均为 $\dfrac{1}{m}$。如果 u 中包含的是某一查询术语,则其权重为 $\dfrac{1}{m}$,如果 u 中包含的不是查询术语本身,而是其同义词,则所占比重相应减小,通过 α 进行调节。一般情况下查询术语本身应该比其同义词更为重要,所以 α 一般应该小于 1。当 $\alpha=0$ 时,式(6-3)退化为式(4-20),即不再考虑同义词因素;$\alpha=1$ 时式(6-3)变为了式(6-2),即查询术语本身与其同义词的权重相同。

该方式考虑了查询术语本身与其同义词之间的不同，但是所有的同义词拥有同样的权重，没有利用词语的相似程度，也就没有合理刻画查询术语和其同义词之间的关系。

(3)利用术语相似度量化同义词关系。

利用概念相似度的定义，可对 $P(q|u)$ 定义如下：

$$P(q|u) = CSim(q,u) \tag{6-4}$$

这种方式利用概念相似度对查询术语和其同义词之间的关系进行了量化。由于概念相似度是它包含的术语相似度的平均和，所以一个查询术语同义词所起的作用跟它与该查询术语本身的相似程度成正比。

6.2　基于索引术语共现关系的信念网络模型扩展

基于索引术语之间共现关系的信念网络模型扩展[136]利用共现频率法挖掘索引术语之间的关系，并利用这种关系来实现对信念网络模型的扩展。本书将该扩展模型简写为 CR-Ebn(Extended Belief Network Model Based on Co-occurrence Relationship among indexterms) 模型。

6.2.1　索引术语之间共现关系的挖掘

设 k_i 表示术语 k_i 出现在某文档中，$\bar{k}_i$ 表示 k_i 不出现在某文档中，n_{k_i} 表示集合中出现 k_i 的文档数，$n_{k_i k_j}$ 表示既出现术语 k_i 又出现术语 k_j 的文档数，$n_{k_i \bar{k}_j}$ 表示只出现术语 k_i 而不出现术语 k_j 的文档数，$n_{\bar{k}_i \bar{k}_j}$ 表示术语 k_i 和 T_i 均不出现的文档数。式(6-5)给出了一个从术语 k_j 角度来衡量 k_j 与 k_i 共现关系的最大似然估计[39]：

$$Strength(k_j, k_i) = \frac{n_{k_i k_j}}{n_{k_i}} \tag{6-5}$$

当式(6-5)的值为 1.0 时，意味着所有被 k_i 索引的文档都被 k_j 索引了，这样 k_j 就非常接近 k_i。但是，式(6-5)没有考虑 k_j 与 k_i 共同出现的总数，有时会出现反常现象，例如，k_i 在一篇文档出现，k_j 也在这个文档出现，其结果为 1.0；假如 k_i 和 k_j 共同出现在 5 篇文档中，其结果虽然也是 1.0，显然后一种情况下 k_i 和 k_j 更相关。为了解决类似问题，需要对式(6-5)进行修正。可以利用贝叶斯估计来替代最大似然估计，得到式(6-6)。

$$Strength(k_j, k_i) = \frac{n_{k_i k_j} + 1}{n_{k_i} + 2} \tag{6-6}$$

式(6-6)解决了式(6-5)存在的问题，但同时产生了一个新的问题。

考虑 $n_{k_i k_j} = 0$，$n_{k_i} = 1$ 和 $n_{k_i k_j} = 1$，$n_{k_i} = 5$ 两种情况。当 $n_{k_i k_j} = 0$，$n_{k_i} = 1$ 时，有 $Strength(k_j, k_i) = \frac{1}{3}$，而当 $n_{k_i k_j} = 1$，$n_{k_i} = 5$ 时，有 $Strength(k_j, k_i) = \frac{2}{7} < \frac{1}{3}$。这意味着术语没有共同出现时的词语相关度反而大于了术语共同出现一次的情况，显然不是十分合理的。为了解决这个问题，可以将式(6-6)进一步修订，得到式(6-7)。

$$Strength(k_j, k_i) = \begin{cases} 0, & n_{k_i k_j} = 0 \\ \dfrac{n_{k_i k_j} + 1}{n_{k_i} + 2}, & \text{其他} \end{cases} \tag{6-7}$$

式(6-7)解决了式(6-6)的不足，但是仍存在一个问题，就是只考虑了 k_i 出现的次数，没有考虑 k_j 出现的次数。这样，当 $n_{k_i k_j} = 1$，$k_i = 2$，$k_j = 5$ 和 $n_{k_i k_j} = 1$，$k_i = 2$，$k_j = 1$，两种情况下 $Strength(k_j, k_i)$ 都是 $\frac{1}{2}$，但是第一种情况中词语 k_j 出现了 5 次，而第二种情况中词语 k_j 出现 1 次，显然第二种情况下的词语相关度应该大于第一种情况下的。所以，还需要对式(6-7)进行进一步改进，得到式(6-8)。

$$Strength(k_j, k_i) = \begin{cases} 0, & n_{k_i k_j} = 0 \\ \dfrac{n_{k_i k_j} + 1}{n_{k_i} + \alpha n_{\bar{k_i} k_j} + 2}, & \text{其他} \end{cases} \tag{6-8}$$

其中，α 是一个调节常数，$0 \leqslant \alpha \leqslant 1$。当 $\alpha = 1$ 时，有

$$Strength(k_j, k_i) = Strength(k_i, k_j)$$

同式(6-7)相比，式(6-8)不仅考虑了术语 k_i 的影响，同时考虑了术语 k_j 的影响。利用式(6-8)可以在集合 U 中找出它的每一个术语 k_i 的 p 个最相关术语，组成 k_i 的父节点集合 $pa(k_i)$。

6.2.2　模型拓扑结构

为了表示索引术语之间的相关关系，需要对基本信念网络模型的拓扑

结构进行修改，为此 CR-Ebn 模型采用了具有两层术语节点拓扑结构，如图 6.1 所示。

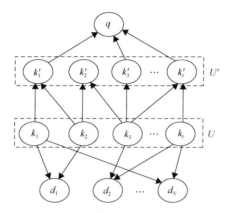

图 6.1　基于索引术语同义关系的扩展模型

（1）从模型拓扑结构可以看出，新模型中的变量集合由四组不同变量组成，即用户查询 Q，索引术语集合 U，U 的映像 U' 和文档集合 D。

①集合 Q 表示用户查询，只有一个元素 q，但 q 可能有多个术语组成，称为查询术语。

②集合 U 由 t 个索引术语组成，$U = \{k_1, k_2, \cdots, k_t\}$。

③集合 U' 为 U 的一个映像，由复制的 U 中的每一个术语组成，$U = \{k'_1, k'_2, \cdots, k'_t\}$。

④文档集合 D 由 N 个文档组成，$D = \{d_1, d_2, \cdots, d_N\}$。

（2）新模型中的弧按以下原则确定。

①如果 U' 某个索引术语 k'_i 属于查询 q，则从节点 k'_i 到 q 有一条弧，表示 k'_i 是查询 q 的一个查询术语。

②对于 $k'_i \in U'$，$k_j \in U$，如果 $k_j \in pa(k'_i)$，则从节点 k_j 到 k'_i 有一条弧，表示 k_j 是 k'_i 的一个相关术语。

③如果 $k_i \in U$ 是 d_j 的索引术语，则从 k_i 到 d_j 有一条弧，表示 k_i 索引了文档 d_j。

④假设文档节点之间相互独立，则文档节点之间没有弧。

⑤术语节点之间的关系通过集合 U 和 U' 之间的弧表示，所以同一术语节点集合中的术语节点之间也不存在弧。

6.2.3　文档检索

CR-Ebn 模型中的文档排序仍可采用基本模型排序公式，即按公式

$P(d_j|q)=\eta\sum\limits_u P(d_j|u)\times P(q|u)\times P(u)$ 计算文档相关度。但是，由于扩展模型为表示术语之间的相关关系，在基本模型的基础上增加了一层术语节点，形成一个新的概念空间 U'，所以必须对原公式中的各项进行重新定义。

由于增加的一层术语节点位于查询节点 q 和术语集合 U 之间，仅影响到 $P(q|u)$ 的计算，所以 $P(d_j|u)$ 和 $P(u)$ 的计算仍可按基本模型中的计算方法。$P(q|u)$ 计算公式推导如下：

$$
\begin{aligned}
P(q|u) &= \frac{P(q\cap u)}{P(u)} = \frac{1}{P(u)}\sum_{\forall u'}P(q\cap u|u')\times P(u') \\
&= \frac{1}{P(u)}\sum_{\forall u'}P(q\cap u\cap u') = \sum_{\forall u'}\frac{P(q\cap u\cap u')}{P(u\cap u')}\times\frac{P(u\cap u')}{P(u)} \quad (6\text{-}9) \\
&= \sum_{\forall u'}P(q|u,u')\times P(u'|u)
\end{aligned}
$$

利用分割定理及贝叶斯网络中的条件独立性假设，式(6-9)可改写为

$$
P(q|u)=\sum_{\forall u'}P(q|u')\times P(u'|u) \quad\quad\quad (6\text{-}10)
$$

将式(6-10)代入式(4-19)可得

$$
\begin{aligned}
P(d_j|q) &= \eta\sum_{\forall u}P(d_j|u)\times\left(\sum_{\forall u'}P(q|u')\times P(u'|u)\right)\times P(u) \\
&= \eta\sum_{\forall u,u'}P(d_j|u)\times P(q|u')\times P(u'|u)\times P(u)
\end{aligned} \quad (6\text{-}11)
$$

式(6-11)是扩展模型文档排序的一般式。

和基本模型一样，对 $P(d_j|u)$、$P(q|u')$、$P(u'|u)$ 和 $P(u)$ 的不同解释，同样可以得到不同的检索策略模型，本书仍以向量模型进行说明。

为了利用术语之间的相关性，可按以下方式设定相关概率：$P(u)$、$P(q|u')$、$P(d_j|u)$ 仍分别按原模型定义，即 $P(u)=\left(\dfrac{1}{2}\right)^t$，$P(q|u')=$

$$
\begin{cases}1,\ \forall k_i,g_i(q)=g_i(u') \\ 0,\ \text{其他}\end{cases},\quad P(d_j|u)=\frac{\sum\limits_{i=1}^t w_{i,d_j}\times w_{i,q}}{\sqrt{\sum\limits_{i=1}^t w_{i,d_j}^2}\times\sqrt{\sum\limits_{i=1}^t w_{i,q}^2}}\,。
$$

依据索引术语之间的相关度，可以对 $P(u'|u)$ 的计算做出规定：

$$P(u' \mid u) = \frac{1}{m} \sum_{\substack{\forall k_i' \in u' \\ pa(k_i') \in u}} P(k_i' \mid pa(k_i')) \tag{6-12}$$

m 为概念 u' 中包含的术语个数。

式 (6-12) 的含义是，概念 u' 在概念 u 下的条件概率定义为 u' 中每一个基本概念 k_i' 在其父节点下条件概率的平均值。$P(k_i' \mid pa(k_i'))$ 按式 (6-13) 计算。

$$P(k_i' \mid pa(k_i')) = \frac{1}{p} \sum_{k_j \in pa(k_i')} Strength(k_i', k_j) \tag{6-13}$$

p 为术语节点 k_i' 的父节点个数。即术语 k_i' 在其父节点下的条件概率为 k_i' 与其父节点相关度的平均值。于是可以得到扩展模型下的检索结果排序。

6.3　其他基于索引术语关系的信念网络模型扩展

陈振亚等利用索引术语之间同义关系对信念网络模型进行了扩展，并通过实验和基于查询术语同义关系的扩展模型进行了比较[137]；徐建民等探讨了利用索引术语之间相似和相关两种关系对信念网络模型进行扩展[138]。两种扩展模型都仍然采用了图 6.1 所示的拓扑结构，因此文档排序的公式也采用式 (6-11)，不同之处主要是术语之间的关系度量方法和 $P(u' \mid u)$ 的具体解释，这里只对相关工作作简单介绍。

6.3.1　基于索引术语同义关系的信念网络模型扩展

基于索引术语同义关系的信念网络扩展模型简写为 SR-Ebn (Extended Belief Network Model Based on Synonymy Relationship among Terms)。和基本模型一样，对 $P(d_j \mid u)$、$P(q \mid u')$、$P(u' \mid u)$ 和 $P(u)$ 的不同解释，同样可以得到不同的检索策略模型，仍以向量模型为例：$P(u)$、$P(q \mid u')$、$P(d_j \mid u)$ 仍分别按原模型定义计算，$P(u' \mid u)$ 按式 (6-12) 计算。定义

$$P(k_i' \mid pa(k_i')) = \frac{1}{p} \sum_{k_j \in pa(k_i')} Sim(k_i', k_j) \tag{6-14}$$

即术语 k_i' 在其父节点下的条件概率为 k_i' 与其父节点术语相似度的平均值。

6.3.2　融合术语同义和相关关系扩展信念网络模型

融合术语同义和相关两种关系扩展的信念网络模型简写为 SCR-Ebn 模型，它主要是综合考虑词语间的同义关系和相关关系，来提高模型的性能。

首先利用基于《知网》的方法计算术语相似度，利用共现分析法计算术语相关度，然后将二者融合起来，具体方法如下：

对于任意的两个术语 t_i 和 t_j，令 $S_{ij} = Sim(t_i, t_j)$，$R_{ij} = Rele(t_i, t_j)$，v_{ij} 表示术语之间融合关系的程度。

(1) 如果 $i = j$，则 $v_{ij} = 1$，即一个术语与其本身的关系为 1。

(2) 如果 $\left| S_{ij} - R_{ij} \right| \leq \varepsilon$（$0 \leq \varepsilon \leq 0.1$），则术语相似度和术语相关度对两个术语之间关系的影响程度相差不大，则定义

$$v_{ij} = (1 + \gamma)S_{ij} \tag{6-15}$$

其中，$\gamma = \dfrac{3}{10\sqrt{1 - S_{ij}^2}}$，它是衡量术语相关度和术语相似度对术语关系程度的影响参数。之所以采用平方根函数，主要是考虑强化术语相关度或术语相似度对术语间关系的影响程度。

(3) 如果 $S_{ij} < \varepsilon$ 且 $R_{ij} > \lambda$（$0 < \lambda < 1$），说明术语相似度很小，术语相关度对术语之间关系的影响程度较大，则利用术语相关度的方法计算术语 t_i 和 t_j 之间的关系程度，即 $v_{ij} = R_{ij}$。

(4) 如果 $R_{ij} < \varepsilon$ 且 $S_{ij} > \lambda$，说明两个术语之间的相似度程度很大，而相关度很小，则可利用术语相似度的方法计算术语 t_i 和 t_j 之间的关系程度，即 $v_{ij} = S_{ij}$。

(5) 除以上情况外，说明术语相似度和术语相关度对两个术语之间的关系程度都有一定的影响，仅采用单一的方法计算术语 t_i 和 t_j 之间的关系程度并不是最好的选择，所以可以利用式 (6-16) 计算 v_{ij}。

$$v_{ij} = S_{ij} + \alpha R_{ij} \tag{6-16}$$

其中，$\alpha = \dfrac{1}{10\sqrt{\left| S_{ij}^2 - R_{ij}^2 \right|}}$，它是术语相关度对术语相似度影响程度的修正因子。

根据以上步骤计算 v_{ij}，设置合适的阈值以选择出与术语节点 k_i' 关系最密切的术语集合 $pa(k_i')$，进一步计算 k_i' 在其父节点下的条件概率。

$$P(k_i' \mid pa(k_i')) = \frac{1}{p} \sum_{k_j \in pa(k_i')} v_{ij} \tag{6-17}$$

6.4　实验与分析

本书的所有实验均采用标准查全率（Recall）下的平均查准率（Precision）方法评价新模型的性能。

6.4.1　实验数据

SQ-Ebn 模型和 CR-Ebn 模型的实验所用文档来源于中国学术期刊网全文数据库。从该数据库共下载 741 篇文档作为文档测试集合，经处理后这些文档被 1113 个代表文档主要内容特征的术语索引。

针对这些文档为基于查询术语同义词的扩展模型构造了以下 8 个查询实例，相应的查询实例查询术语对应的同义词如表 6.1 所示。

表 6.1　SQ-Ebn 模型实验查询实例及对应同义词表

查询	查询实例	查询术语同义词
Q_1	人民币升值问题	升值—增值
Q_2	农业发展政策	政策—策略—方针
Q_3	农业发展策略	政策—策略—方针
Q_4	调查方法	调查—调研；方法—方式
Q_5	调研方式	调查—调研；方法—方式
Q_6	中西文化差异	文化—文明；差异—差别
Q_7	公司重组问题研究	公司—企业；重组—整合
Q_8	资产重组问题研究	重组—整合

针对基于术语相关关系的扩展模型构造了 5 个查询，包括：调查方法、资产重组问题研究、常用抽样调查方法、中西文化差异、人民币升值问题。

考虑到《知网》主要是用于机器翻译的工具，利用它得到的术语的同义词并不完全适合信息检索，但是基于《知网》的词语相似度计算方法比较科学，所以实验采用了《词林》和《知网》相结合的方法，即同义词识别工具采用哈尔滨工业大学信息检索实验室提供的《同义词词林（扩展版）》，术语相似度的计算方法采用基于知网的术语相似度计算方法。

6.4.2　基于查询术语同义关系的扩展模型性能

1. SQ-Ebn 模型和基本模型的性能比较

实验结果如表 6.2 所示。

表 6.2　SQ-Ebn/基本模型之查全率/查准率对照表

查全率/%		10	20	30	40	50	60	70	80	90	100
查准率/%	Bbn	37.42	35.73	35.73	34.79	34.63	31.52	31.38	31.26	26.51	10.94
	SQ-Ebn1	80.27	79.98	74.00	73.86	67.53	65.02	61.43	59.77	53.28	38.89
	SQ-Ebn2	73.96	70.93	69.18	69.37	63.71	61.90	58.87	55.85	50.82	31.92
	SQ-Ebn3	81.10	79.62	69.62	69.97	64.35	61.93	59.41	56.11	45.75	31.81

Bbn 表示基本模型的检索结果，SQ-Ebn1、SQ-Ebn2、SQ-Ebn3 分别表示扩展模型 $p(q|u)$ 的三种不同定义方式所对应的检索结果。

由表 6.2 可以看出：基于查询术语同义词扩展模型的检索效果要优于基本模型。其中，方式一将查询术语与其同义词等价处理，扩大了相关信息的检索，因而最终的查准率比较高；但方式一没有对查询术语和其同义词作进一步的区分，这样包含查询术语本身和包含其同义词的文档就具有等同的重要性，而实际上包含查询术语本身的文档显然更重要一些。方式二通过调节参数 α 弱化了同义词的重要性，使得那些包含查询术语同义词的文档的相关度降低，但其相关文档排序比方式一更为科学。但是，方式二中的调节参数 α 的选择对于不同的查询可能需要不同的数值，其经验数值需要通过大量实验得出；而且该方式只是将查询术语和其同义词的不同重要程度作了一简单区分，并没有区分查询术语相异同义词的重要性。方式三利用术语相似度量化了查询术语及其同义词的重要性，从而可以比较合理的辨别相关文档的重要性，相关文档的排序更加合理。

2. $P(q|u)$ 三种不同解释方式的效果比较

以查询方式一为基准，查询方式二和查询方式三的相关文档排序变化情况如表 6.3 所示。

表 6.3　考虑术语重要性后 SQEbn 相关文档排序变化情况表

查询		Q_1	Q_2	Q_3	Q_4	Q_5	Q_6	Q_7	Q_8	avg
排序变化情况/%	Ebn-2	22.22	22.22	25.93	94.44	75.00	79.31	92.50	85.00	62.08
	Ebn-3	29.63	22.22	25.93	91.67	67.50	22.41	85.00	82.50	53.36

　　表 6.3 给出了实验测试所用的 8 个实例查询的相关文档排序变化百分比及其平均值，其中查询 Q_1、Q_2、Q_3 中只有一个查询术语有同义词，而其他每个查询中都有两个查询术语有同义词且相似度不完全相同。可以看出相关文档排序发生了明显变化，尤其是多个查询术语有同义词时。

　　实验发现，引入查询术语同义词后查询效率有所降低，主要原因是引入查询术语同义词后原查询 q 实际上扩充为一个较大的查询集合，例如，设原查询 q 包含 m 个术语(一般情况下 m 不超过 7)，每个查询术语 k_i 考虑 1～3 个同义词(含 k_i 本身)，则考虑同义词因素后扩充后的查询集合最多可能包括 m^3 个查询。例如，设 $q=\{k_1,k_2,k_3\}$，分别对应的同义词为 $\{k_1,k_{12},k_{13}\}$、$\{k_2,k_{22},k_{23}\}$、$\{k_3,k_{32},k_{33}\}$，则需考虑的查询集合为 $q'=\{\{k_1,k_2,k_3\}$，$\{k_1,k_{22},k_3\},\cdots,\{k_{13},k_{23},k_{33}\}\}$，共计 3^3=27 个查询。

　　因此，对于基于查询术语同义词扩展的信念网络模型来说，研究如何提高效率是今后所需做的主要工作之一。

6.4.3　基于索引术语共现关系的扩展模型性能

1. 实验结果

　　基于索引术语共现关系扩展模型的实验数据见表 6.4。

表 6.4　CRT-Ebn/基本模型之查全率/查准率对照表

	查全率/%	10	20	30	40	50	60	70	80	90	100
查准率/%	AV-10pB*	85.0	79.0	72.3	70.7	69.1	66.0	64.7	53.4	43.1	26.5
	AV-10pN**	87.7	86.3	82.2	80.1	76.2	69.3	68.9	64.6	59.4	56.9

*：基本信念网络模型查准率；　**：扩展信念网络模型的查准率

　　可以看出：第一，利用术语共现关系扩展信念网络模型检索时，10 个标准查全率的查准率都有所提高，尤其是在查全率比较高时，效果比较明显；第二，相对于基于同义关系的扩展模型，基于索引术语共现关系扩展模型的查准率提高较少。

2. 实验结果分析

　　上述结果产生的主要原因如下：

　　其一，索引术语的共现词实际上是一种重要的证据，在查询过程中通过共现关系成为索引术语证据的一种有益补充，从理论上分析，应能提升查准率，实验数据也说明了这一点。

　　其二，术语的共现关系比较稀疏，在一篇文献中，并不是所有术语都能挖掘出有效的共现术语，即使存在共现术语，共现关系也比相似关系要偏弱一些，所以其性能的提升效果一般也会弱一些。

6.5　本　章　小　结

信念网络模型是迄今为止最重要的贝叶斯网络检索模型之一。本章介绍了如何利用术语关系实现对信念网络模型的扩展。

首先基于词语间同义关系提出了最优同义词的概念，在此基础上给出了相似概念、概念相似度的定义，以及一个基于查询术语同义关系扩展的信念网络检索模型。其次，提出一种改进的共现频率法及一个利用索引术语之间共现关系，具有两层术语节点的扩展信念网络模型。分别给出了两个扩展模型的拓扑结构，从不同角度论述了利用扩展模型进行信息检索的基本方法。简单介绍了利用索引术语之间同义关系，利用融合术语之间相似和相关的关系扩展信念网络模型的方法。最后实验验证了扩展模型的性能，并对结果进行了分析。

第7章　组合不同证据的扩展信念网络模型

　　信念网络检索模型的优点之一是可以方便组合不同类型的证据，提高检索效果。多年来研究者提出了多种组合不同证据的信念网络模型[104~107]，Ribeiro-Neto 及其作者相继提出了组合过去查询证据、组合词典证据、和组合链接证据的扩展模型。本章主要介绍另外两种，其一是组合同义词证据的扩展模型，其二是科技文献检索中组合引文关系证据的扩展模型。在引文关系证据获得过程中，利用了术语之间的关系。

7.1　相　关　研　究

7.1.1　叙词表

　　叙词表又称主题词表，是一种在文献标引和检索中，将文献、标引者和用户的自然语言转换成统一的叙词法语言的术语控制工具，是概括各门或某一学科领域并由语义相关、族性相关的术语组成的，规范化的动态词典。

　　传统应用于特定领域的叙词表是手工产生的，它的作用主要是表示概念以及它们间的关系，如等价关系、层次关系、相关关系等。叙词表既可用于索引收集，也可用于搜索中收集用户感兴趣的信息。当用于索引时，它规范化了索引语言；当用于搜索时，它向用户展示概念间的关系。利用这些关系，用户可得到和查询本身相关的概念，从而扩展查询。叙词表的另一个应用就是帮助用户确定查询的主题。

　　几十年来很多研究者已经把叙词表应用于查询扩展。

　　Greenberg 把商业叙词表用于查询扩展[32,33]，实验由工商专业的学生提出真实查询，然后从叙词表中找到相应概念，并对一组商业相关的文档集实施检索。实验证明，如果用同义和狭义术语扩展查询，可提高查准率；如果用相关和广义术语扩展查询，可提高查全率。

　　Kristensen 提出用同义词、狭义词和相关词对报纸全文数据库进行查询扩展[34]，实验证明这种方法提高了查准率，降低了查全率。作者指出叙词表是用于提高查全率的很好的工具，在提高查全率方面，同义词和相关词的作用相当，但是在降低查准率方面，同义词的作用比相关词要高。

Mandala 等使用三种叙词表来选择术语，实现了查询的自动扩展[35]。三种叙词表分别以手工方式产生，通过共现方式自动产生，通过逻辑谓词包含的语言关系自动产生。Mandala 证明了每个叙词表都能很好地进行查询扩展，如果归并这三种叙词表同时进行查询扩展，效果更好。

7.1.2　组合过去查询证据的扩展信念网络模型

信念网络模型提出后，研究者提出了多个组合各种证据的扩展模型，实验证明这种扩展提高了系统性能。同时作者也指出，方便地组合不同查询证据是信念网络模型的一个重要特点。

Ribeiro-Neto 等使用信念网络归并了源自历史查询的证据和基于关键词的证据。本书采用四个不同的文档集进行了实验，结果证明和仅使用基于关键字查询的信念网络模型相比，组合历史查询证据后模型的查准率至少提高59%[18]。

Silva 等运用信念网络归并了来自万维网中链接结构的证据和关键词证据。链接信息包括网页的中心度和权威度。中心度代表了一个网页指向其他重要文档的程度，权威度代表了这个文档被重要文档所指向的程度。实验证明和仅使用基于关键词的查询相比，通过归并中心度和权威度证据，模型的查准率提高了74%[104,105]。

da Silveira 等运用信念网络归并了司法叙词表的概念证据。文章使用取自 STF（Supreme Federal Court）、STJ（Superior Court of Justice）和 FCP（Federal Court of Appeal）的文档作为测试集。当仅使用概念证据时，扩展模型的查准率提高了20.05%，当同时使用概念和狭义同义词两种证据时，扩展模型的查准率提高了32.58%[107]。

为了说明信念网络模型组合证据的一般方法，首先介绍由 Ribrio-Neto 和 Muntz 提出的，组合历史查询证据的扩展信念网络模型。

1) 拓扑结构

假定在日志中记录有历史查询的信息，并且查询结果都得到了用户的评价，标识有文档和查询的相关度，则可以利用过去查询的证据提高当前查询的效果[16,17]。组合两类证据扩展的信念网络模型拓扑结构如图 7.1。

图 7.1 中，虚线所框的左半部分为基本的信念网络模型，右半部分为扩展的历史查询证据网络。

(1) 令 $V = \{c_0, c_1, \cdots, c_p\}$，$V$ 是一个概念空间。$c_1, c_2, \cdots, c_p$ 为涉及的历史

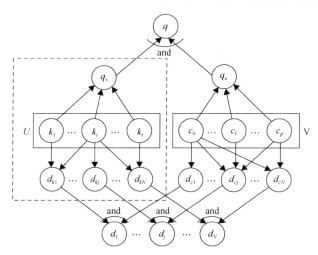

图 7.1　组合过去查询的扩展信念网络模型

查询，c_0 为当前查询。在图中，$c_0, c_1, c_2, \cdots, c_p$ 都是网络节点，与基本信念网络模型一样，同时是概念空间 V 中的一个基本概念，并与一个二进制随机变量相对应。

(2) 文档节点 d_{cj} 描述了由下列两种方式检索到的文档：

由当前查询 c_0 检索到的文档。如果某文档节点 d_{cj} 至少有一个索引术语包含在当前查询的术语中，则与 c_0 文档节点之间有一条弧。这条弧表示通过当前查询可以检索到该文档。

与过去查询 c_l 相关的文档。当文档 d_{cj} 在日志中标示为与某一历史查询 c_l 相关时，则从 c_l 到 d_{cj} 存在一条弧。

(3) 节点 q_c 表示 c_l 和 c_0 的覆盖关系。如果 c_l 至少有一个关键字和 c_0 相同，则认定 c_l 和 c_0 相关。c_l 和 c_0 相关的程度可以利用向量的余弦公式计算。

显然，只有历史查询 c_l 和当前查询 c_0 相关时，才考虑 c_l 对 c_0 的影响，否则 c_l 对 c_0 的影响为 0。

(4) 查询结点 q_c 和当前查询 q_v 通过合取操作，组合成查询节点 q。这种合取操作将当前查询和过去查询的信念度组合起来，从而达到组合不同证据的目的。

(5) 节点 d_{cj} 产生的证据和节点 d_{kj} 产生的证据组合起来，形成节点 d_j，表示得到的最终检索结果。节点 d_{cj} 和 d_{kj} 也是通过合取操作组合成节点 d_j，表示只有 d_{cj} 和 d_{kj} 二者都相关时，文档 d_j 才相关，也就是说 $P(d_j \mid q)$ 不为 0。这一点从式(7-1)可以看出。

节点 d_{cj} 和 d_{kj} 也可以通过析取操作组合成节点 d_j，具体含义在 7.2 节和 7.3 节予以介绍。

2) 文档检索

文档的检索过程和基本贝叶斯信念网络一样，根据 $P(d_j|q)$ 的值判断文档 d_j 的相关度。与基本模型不同的是，$P(d_j|q)$ 的计算既需要考虑概念 u 的影响，也需要考虑概念 v 的影响。根据式(4-19)，由贝叶斯定理可得

$$
\begin{aligned}
P(d_j|q) &= \eta \sum_{u,v} P(d_j|u,v)P(q|u,v)P(u)P(v) \\
&= \eta \sum_{u,v} P(d_{k_j}|u)P(d_{c_j}|v)P(q_v|u)P(q_c|v)P(u)P(v)
\end{aligned} \tag{7-1}
$$

其中，$P(u)$、$P(q_v|u)$、$P(d_{k_j}|u)$ 可按照基本模型给出的方法计算。$P(q_c|v)$ 表示的是 c_l 和 c_0 的相似程度，可以利用向量的余弦近似公式计算，即

$$
P(q_c|v) = \begin{cases} \dfrac{c_0 \cdot c_l}{|c_0| \times |c_l|}, & v = \{c_l\} \\ 0, & \text{其他} \end{cases} \tag{7-2}
$$

可以看出，$P(q_c|v)$ 表示了当前查询 c_0 和历史查询 c_l 的覆盖程度。

$P(d_{cj}|v)$ 可定义为

$$
P(d_{cj}|v) = \begin{cases} 1, & v = \{c_l\} \text{且} c_l \text{是} d_{cj} \text{的父节点} \\ 0, & \text{其他} \end{cases} \tag{7-3}
$$

式(7-2)和式(7-3)保证依次考虑查询 c_l ($1 \leqslant l \leqslant p$) 对 c_0 的影响，且每次只考虑一个。

先验概率 $P(v)$ 定义为

$$
P(v) = \begin{cases} P(c_0), & v = \{c_0\} \\ \dfrac{1-P(c_0)}{p}, & v = \{c_l\}, 1 \leqslant l \leqslant p \\ 0, & \text{其他} \end{cases} \tag{7-4}
$$

$P(c_0)$ 是和当前查询对应的先验概率，它是一个输入参数，用于缓和过去查询对当前查询的影响，$P(c_0)$ 越大，则历史查询对当前查询的影响越小。p 为历史查询的个数，从式(7-4)可以看出，$P(v)$ 的值决定于当前查询 c_0 和历史查询 c_l，而且对于每一个历史查询来说其影响都是相等的。

7.2　组合同义词证据的扩展信念网络模型

组合同义词证据扩展的信念网络模型[139]简记为 CS-Ebn（Combining Synonym Evidence to Expand Belief Network Model）。它仍以信念网络模型作为一般框架，在原模型的基础上增加节点、弧和概率，以实现组合同义词证据的目的。扩展后的模型仍保留了基本模型的所有特性。

7.2.1　模型拓扑结构

CS-Ebn 模型拓扑结构如图 7.2 所示。

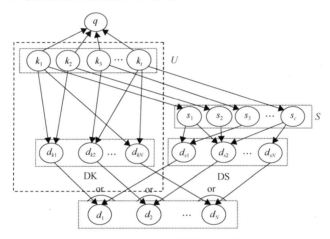

图 7.2　CS-Ebn 模型拓扑结构

图中左侧为基本信念网络模型，包括一个查询节点 q，由 t 个索引术语组成的概念空间 U 和 N 个文档节点。为了和右侧网络区别，文档节点用 d_{ki} 形式表示。

图中右侧为同义词证据网络，其中集合 S 中的节点 s_l 为索引术语的同义词，d_{sl} 为文档节点。d_{ki}、d_{sl} 是文档 d_j 在不同上下文的表示形式。当文档直接与查询术语相关时，用 d_{ki} 表示，当文档与同义词相关时，用 d_{sl} 表示。和组合历史查询证据扩展信念网络模型不同，该模型利用析取操作符 or 来归并 d_{ki} 和 d_{sl} 提供的不同证据资源。

扩展模型中原模型部分各个弧的指向不变，证据网络部分中弧的定义原则为：

（1）若 s_j 是术语 k_i 的同义词，则有一条弧从 k_i 指向 s_j。

（2）若 s_j 是文档 d_i 的索引术语，则有一条弧从 s_j 指向 d_{si}。

（3）d_{ki} 和 d_{sl} 通过析取操作将证据组合起来，所以 d_{ki} 和 d_{sl} 都有一条弧指向 d_j。

（4）和基本模型一样，文档节点之间不存在弧，索引术语之间也不存在弧。

在基本信念网络模型中，每一个节点对应一个用相同符号表示的二进制变量，用来表示该节点是否相关。本扩展模型也采用这种方法，即所有的节点均对应一个相同符号表示的二进制变量，当二进制变量为 1 时表示相关，为 0 时表示不相关。任意两个相关变量之间的相关度由条件概率来表示。

7.2.2　证据的获得

同义词可以使用同义词词典获得。本书的研究采用了哈尔滨工业大学信息检索实验室提供的《同义词词林（扩展版）》来得到术语的同义词，同时采用基于《知网》的词语相似度计算方法，计算得到词语相似度。

对于每一个索引术语 k_i，利用《同义词词林》查找其同义词。如果术语 k_i 只有一个同义词 s_l，直接使 $s_l \in S$，如果术语 k_i 有多个同义词，则利用基于《知网》的术语相似度计算法，计算每个同义词和 k_i 的相似度，选出相似度最大的同义词（可能不止一个），使之属于集合 S。

得到 S 后，需要确定每一个 s_l 和文档之间的弧，本书只考虑 s_l 是文档 d_j 索引术语的情况，即只有当 s_l 是文档 d_j 的索引术语时，存在一条从节点 s_l 到节点 d_j 的弧。

7.2.3　文档检索

CS-Ebn 模型仍采用公式 $P(d_j \mid q) = \eta \sum\limits_{u} P(d_j \mid u) \times P(q \mid u) \times P(u)$。从图 7.2 可以看出，扩展模型中查询 q 和索引术语集合 U 之间的关系没有发生变化，发生变化的是文档节点 d_j 和术语集合 U 之间的关系，此时的条件概率 $P(d_j \mid u)$ 依赖于两类证据：基于查询术语的证据和基于查询术语同义词的证据，因此需要重新定义 $P(d_j \mid u)$。

由于模型中采用析取操作符对左右网络中的证据进行归并，根据文献 Ribeiro-Note 等的证明可得[105,107]：

$$P(d_j \mid u) = 1 - P(\overline{d}_{kj} \mid u) \times P(\overline{d}_{sj} \mid u) \tag{7-5}$$

$$P(\overline{d}_{kj} \mid u) = 1 - P(d_{kj} \mid u) \tag{7-6}$$

$$P(\bar{d}_{sj} \mid u) = 1 - P(d_{sj} \mid u) \tag{7-7}$$

将式(7-5)、式(7-6)和式(7-7)代入式(4-19)，可以得到组合同义词证据的扩展信念网络模型的基本公式

$$\begin{aligned}
P(d_j \mid q) &= \eta \sum_u P(d_j \mid u) P(q \mid u) P(u) \\
&= \eta \sum_u [1 - (1 - P(d_{kj} \mid u))(1 - P(d_{sj} \mid u))] P(q \mid u) P(u)
\end{aligned} \tag{7-8}$$

其中，η 为规范化因子。

下面讨论 $P(d_{sj} \mid u)$ 的计算方法。

根据式(4-19)可知：

$$P(d_{sj} \mid u) = \alpha \sum_s P(d_{sj} \mid s) P(u \mid s) P(s) \tag{7-9}$$

与 6.1.3 节所述一样，$P(u \mid s)$ 的计算仍可以包含三种方式：方式一，术语和其同义词等价考虑；方式二，术语和其同义词非等价处理；方式三，利用术语相似度量化术语和其同义词的关系。为了简化讨论，这里仅讨论第三种方式，即不仅考虑索引术语的同义词因素，同时考虑它们之间相似度。

参考式(6-4)可以对 $P(u \mid s)$ 规定如下：

$$P(u \mid s) = CSim(u,s) \tag{7-10}$$

则式(7-9)可以改写为

$$P(d_{sj} \mid u) = \alpha \sum_s CSim(u,s) P(d_{sj} \mid s) P(s) \tag{7-11}$$

因为对于一个固定查询来说，$\alpha P(s)$ 是一个常数，将 $P(d_{sj} \mid u)$ 简记为 $\sum_s CSim(u,s) P(d_{sj} \mid s)$ 不影响文档排序。式(7-8)可以改写为

$$P(d_j \mid q) = \\
\eta \sum_u \left[1 - (1 - P(d_{kj} \mid u)) \left(1 - \sum_s CSim(u,s) P(d_{sj} \mid s) \right) \right] P(q \mid u) P(u) \tag{7-12}$$

式(7-12)为 CS-Ebn 模型的一般排序计算式。

我们仍以向量模型为例，来讨论式(7-12)的具体使用方法。

(1) $P(u)$ 的计算。

仍定义式(7-12)中的先验概率 $P(u) = (1/2)^t$，t 表示索引术语数，即假

定所有的术语等概率发生。

（2）$P(q\,|\,u)$ 的计算。

对于 $P(q\,|\,u)$ 可仍按基本模型规定：

$$P(q\,|\,u) = \begin{cases} 1, & \forall k_i, g_i(q) = g_i(u) \\ 0, & \text{其他} \end{cases}，\text{ 即只考虑 } q=u \text{ 的情况。}$$

显然，这里没有考虑查询术语同义词的因素。

（3）$P(d_{kj}\,|\,u)$ 与 $P(d_{sj}\,|\,s)$ 的计算。

$P(d_{kj}\,|\,u)$ 和 $P(d_{sj}\,|\,s)$ 可按基本模型中的规定定义为

$$P(d_{kj}\,|\,u) = \frac{\sum_{i=1}^{t} w_{i,dkj} \times w_{i,u}}{\sqrt{\sum_{i=1}^{t} w_{i,dkj}^2} \times \sqrt{\sum_{i=1}^{t} w_{i,u}^2}}$$

$P(d_{sj}\,|\,s)$ 定义为

$$P(d_{sj}\,|\,s) = \frac{\sum_{i=1}^{t} w_{i,dsj} \times w_{i,s}}{\sqrt{\sum_{i=1}^{t} w_{i,dsj}^2} \times \sqrt{\sum_{i=1}^{t} w_{i,s}^2}}$$

则式（7-12）为组合同义词证据的向量模型。其中 $w_{i,dkj}(w_{i,dsj})$ 表示术语 k_i 在文档 $d_{kj}(d_{sj})$ 中的权重。

实际上，通过对 $P(d_{kj}\,|\,u)$ 与 $P(d_{sj}\,|\,s)$ 进行不同设置，式（7-12）可以包含几种不同的组合证据方式。

①令 $P(d_{sj}\,|\,s) = 0$，则公式（7-12）可改写为

$$P(d_j\,|\,q) = \eta \sum_u P(d_{kj}\,|\,s)P(q\,|\,u)P(u) \tag{7-13}$$

于是扩展模型退化成基本的信念网络模型，完全没有考虑查询术语同义词的影响。

②令 $P(d_{kj}\,|\,u) = 0$，则式（7-12）可改写为

$$P(d_j\,|\,q) = \eta \sum_u \left[1 - \left(1 - \sum_s CSim(u,s)P(d_{sj}\,|\,s) \right) \right] P(q\,|\,u)P(u) \tag{7-14}$$

式（7-14）意味着仅考虑同义词的影响，得到仅利用同义词进行信息检索的模型。

③令 $P(d_{sj}|s) = \dfrac{\sum\limits_{i=1}^{t} w_{i,dsj} \times w_{i,s}}{\sqrt{\sum\limits_{i=1}^{t} w_{i,dsj}^2} \times \sqrt{\sum\limits_{i=1}^{t} w_{i,s}^2}}$ ，同时令 $P(d_{kj}|u) = \dfrac{\sum\limits_{i=1}^{t} w_{i,dkj} \times w_{i,u}}{\sqrt{\sum\limits_{i=1}^{t} w_{i,dkj}^2} \times \sqrt{\sum\limits_{i=1}^{t} w_{i,u}^2}}$ ，

则模型组合了查询术语和查询术语同义词两种证据。

与组合历史查询证据模型的一点不同是，组合同义词证据的模型中采用析取(or)操作组合不同的证据源，从而使得模型可以利用不同的证据检索文档，既可以检索到和查询术语相关的文档，也可以检索到与查询术语同义词相关的文档，还可以检索到与两种证据均相关的文档。

7.2.4 实验与分析

本实验用文档集仍采用 6.3 节所述文档集，针对这些文档构造了 8 个查询实例。相应的查询实例及对应的同义词如表 7.1 所示。

表 7.1 CS-Ebn 模型实验查询实例及对应同义词表

查询	查询实例	查询术语的同义词
Q_1	中文信息检索	中文—汉语；信息—消息；检索—搜索、查找
Q_2	关联规则挖掘	关联—关系；规则—原则；挖掘—发掘
Q_3	网页设计技术	网页—主页；设计—规划；技术—技巧
Q_4	保险营销策略	保险—可靠；营销—传销、促销；策略—计策、对策
Q_5	人民币升值问题	升值—增值
Q_6	调查方式	调查—调研；方式—方法
Q_7	企业整合	企业—公司；整合—重组
Q_8	中西文化差异	文化—文明；差异—差别

CS-Ebn 模型标准查全率下的平均查准率如表 7.2 所示。图 7.3 为对应的查全率/查准率曲线。其中 Pre-BN 表示基本模型的查准率，Pre-EBN 表示新模型的查准率。

从表 7.2 和图 7.3 可以看出，组合同义词证据的信念网络模型在性能上要比原模型有一定程度的提高，在标准查全率下查准率平均提高 15.73%，与文献[105]所述模型相比(查准率平均提高 74%)有较大差距，与文献[107]

表 7.2 CS-Ebn 模型/基本模型查全率-查准率值对照表

查全率/%		10	20	30	40	50	60	70	80	90	100
查准率/%	Pre-BN	52.6	48.7	46.3	43.3	40.3	34.0	22.0	20.5	16.0	15.0
	Pre-EBN	75.1	57.0	52.1	48.4	44.8	38.2	36.0	28.6	22.9	15.0

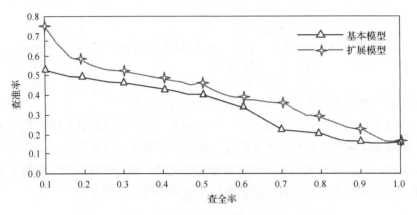

图 7.3　CS-Ebn 模型查全率/查准率曲线

（查准率平均提高 20.5% 和 32.58%）所述模型相比差距相对较小。分析其主要原因，我们认为主要是本书实验所用测试文档集来源为中国学术期刊网全文数据库，所选文档主要为科技文献，因而术语的同义词相对较少。在其他标准测试文档集上的检索性能功能尚待进一步验证。

　　CS-Ebn 模型的缺点是增加了检索时间，其主要原因是计算 $\sum_s CSim(u,s)P(d_{sj}\,|\,s)$ 需要较多的时间花费，因为术语的同义词集合往往比较大。因此，设计合理的概率估算方法，缩短 $P(d_{sj}\,|\,u)$ 的估算时间将是需要进一步解决的问题。

7.3　组合科技文献间引用关系的信念网络模型扩展

　　Kleinberg 指出，"超链接环境下的网络结构可能是一种与网络环境内容有关的、丰富的信息来源，是我们理解网页内容的有效手段"，并提出了著名的的 HITS（Hyperlink-Induced Topic Search）算法。Silva 等将这种链接信息用于信念网络检索模型，取得了较好效果。

　　借鉴 HITS 算法的思想，徐建民等发现科技文档之间的引用关系也是检索的一种重要信息资源，提出了用于评价科技文献之间引用关系的价值度和关注度两个概念，给出了一个初步算法，提出一个用于科技文献检索的信念网络模型[140]。徐建民等对这种关系作了进一步研究，给出了关注度和价值度的规范定义，分析了文献引用关系的逻辑结构和数据结构，提出了利用文献间紧密程度修正文献关注度和价值度的算法[141]，同时实现了一个用于科技文档检索，组合文档关注度和价值度证据的扩展信念网络模型[142]。

7.3.1　科技文献之间引用关系的分析及其量化

1. 基本定义

引文分析学的奠基者加菲尔德曾经指出："由于作者参考先前的材料来支持、举例或详细说明某一论点，引用行为反映了材料的重要性"[143]。现在，论文的被引频次或频率已经是科学评价中常用的指标，它"在一定程度上反映了论文受科学共同体关注的程度，反映了著者的学术影响和社会贡献，也从使用的角度证明了论文的价值和作用[144]"。另外，"科学文献之间引用关系直接的表明了后来的研究者对以前的研究理论、方法及成果的借鉴、批判或认可，通常作者引用参考文献来说明自己在构思论文时吸收利用前人的研究成果，这种引证是科学发展规律的表现，体现了科学知识的累积性、连续性、继承性和一致性原则"。因此，一般地，当科技工作者多数引用别人的高水平研究成果时，其研究成果的质量也不会差。

尽管引用率在不同学科之间存在较大差异，但考虑到科技文献的检索大多情况下是相关领域的研究人员，因而引用情况在不同研究领域效果总体上可以看作是等价的。

综上，我们可以给出下面两个基本假设。

假设 1　如果一篇科技文档被同领域的许多其他文档引用，则该文档受到了广泛关注，在该领域中是比较重要的文档。

假设 2　如果一篇文档引用了该领域许多其他重要的文档，则该文档在相关领域有较高价值。

基于以上假设，可以给出科技文档关注度和价值度的概念。

定义 7-1(科技文档的关注度)　科技文档 d 在其所属领域的关注度定义为它被该领域其他文档所引用的程度，记为 attention。

定义 7-2(科技文档的价值度)　科技文档 d 在其所属领域的价值度定义为它对该领域其他文档的引用程度，记为 value。

有了科技文档关注度和价值度的定义，还可以从另一个角度理解两个基本假设：一个好的"attention"文档会被很多好的"value"文档所引用；一个好的"value"文档会引用较多好的"attention"文档。

为了计算两个文档之间的关联程度，先给出以下定义。

利用 5.1 节给出的词语之间本体关联度的概念，可以定义一个词语和一组词语之间的本体关联度。

定义 7-3(一个词语 t 和词语组 T 的本体关联度)　一个词语 t 和词语组

$T = (t_1, t_2, \cdots, t_n)$ 之间的本体关联度定义为 t 和 T 中每一个元素 t_i 之间本体关联度的平均和，即 $Srd(t, T) = \sum_{i=1}^{n} Srd(t, t_i) / n$。

继而可以定义两组词语之间的本体关联度。

定义 7-4（词语组之间的本体关联度）　两个词语组 $T = (t_1, t_2, \cdots, t_n)$，$S = (s_1, s_2, \cdots, s_m)$ 之间的的本体关联度定义为 T 中每一个词语 t_i 和词组 $S = (s_1, s_2, \cdots, s_m)$ 之间本体关联度的平均和，即

$$Srd(T, S) = \sum_{i=1}^{n} Srd(t_i, S) / n = \frac{\sum_{i=1}^{n} \sum_{j=1}^{m} Srd(t_i, s_j)}{m \cdot n} \tag{7-15}$$

2. 科技文献引用关系分析

根据定义，科技文档 d 的关注度受到三个因素的影响。

(1) 引用 d 的文档数，也即 d 被引用的次数。文档 d 被引用的次数越多，则它的关注度越大。

(2) 引用 d 文档的重要程度。设文档 f 引用了文档 d，文档 f 越重要，则 f 对 d 关注度的贡献越大。借鉴 HITS 算法的思想，f 的重要程度用其价值度衡量。

(3) d 与引用它的文档 f 之间的紧密程度。文档 f 和 d 之间越紧密，说明 f 和 d 所研究的内容越相近，则 f 对文档 d 的关注度贡献越大。

同样，文档 d 的价值度也受到三个因素的影响。

(1) d 引用的文档数量。文档 d 引用的文档越多，相对来说文档 d 越重要。

(2) d 所引用的文档的重要程度。设 d 引用了文档 f，如果文档 f 越重要，则 f 对文档 d 价值度的贡献越大。这里 f 的重要程度用其关注度表示。

(3) 文档 d 与其引用文档 f 之间的紧密程度。

文献之间的引用关系具有以下特点：其一，在一个科技文献集合中，只有后发表文章引用已发表文章的可能，也就是说这种引用关系是单向的；其二，任何一篇文档都不会引用它自己；其三，一篇科技文档引用的多篇文献对其重要程度不完全相同。

3. 科技文档间引用关系表示

科技文档间引用关系的逻辑结构可以用一个加权有向无环图表示，其

中，节点表示文档，节点之间的边表示引用关系，权重表示两篇文档之间的紧密程度。图 7.4 是一个科技文献之间引用关系网络图，由于篇幅的限制，只画出了 4 年中 16 篇文献之间的引用关系。

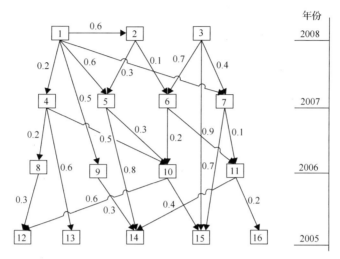

图 7.4　加权文献引用关系网络图

图 7.4 中按时间给出了一个科技文献引用关系的网状图，年份分别为 2008 年、2007 年、2006 年和 2005 年。图中节点序号越大表示该文档年代越久。

科技文档之间的引用关系有多种物理表示方式，文献[140]采用邻接矩阵的方式，文献[141]采用了索引表方式。本书采用文献[142]提出的形式。

表 7.3 表示了图 7.4 所示的 8 篇文献之间的引用关系。

表 7.3　文献引用关系的索引表

引用文献索引	被引用文献索引	紧密程度
1	2	0.6
1	4	0.2
1	5	0.6
1	7	0.1
2	5	0.3
2	6	0.1
3	6	0.7
3	7	0.4
4	8	0.2

4. 文献间紧密程度的计算

可以采用文档的本体关联度来度量它们之间的紧密程度。

文档 $d_i = \{t_{i1}, t_{i2}, \cdots, t_{in}\}$ 和 $d_j = \{t_{j1}, t_{j2}, \cdots, t_{jm}\}$ 之间的本体关联度估值记作 L_{ij}。依据两个词组间本体关联度的定义，显然有 $L_{ij} = \sum\limits_{k=1}^{n}\sum\limits_{l=1}^{m} Srd(t_{ik}, t_{jl}) / (m \cdot n)$。

5. 文档关注度和价值度的计算

可以利用一个迭代过程来计算科技文档关注度和价值度：科技文档关注度等于所有引用它的文献的价值度之和再加上它上次计算出的关注度。同理科技文档价值度等于所有它引用文献的关注度之和再加上它上次计算出的价值度。

(1)定义向量 A 表示所有文献的关注度的集合，向量 V 表示所有文献的价值度的集合。所有文献的关注度和价值度都初始化为 1；

定义操作 I 计算关注度，$\text{attention}_i = \text{attention}_{i-1} + \sum\limits_{\forall j, j \to i} \text{value}_j$；

定义操作 II 计算价值度 $\text{value}_i = \text{value}_{i-1} + \sum\limits_{\forall j, i \to j} \text{attention}_j$。

(2)迭代操作。总共进行 t 次迭代，执行操作 I 和操作 II，得到 (A_t, V_t)。具体的 t 值根据实际情况确定。

(3)利用文献间紧密程度修正文档的价值度和关注度。对文献 d 的关注度等于所有引用文献 d 的文献 $d_i(i=1,2,\cdots,m)$ 的价值度与 d_i 和 d 之间的紧密程度的乘积之和。

同理可以求出文献 d 的价值度。

(4)将关注度和价值度归一化处理。

7.3.2　组合文档关注度和价值度证据的信念网络检索模型

1. 拓扑结构

基于文献引用关系扩展的信念网络模型拓扑结构如图 7.5 所示。

其中，文档节点 d_j 改写为 d_{cj}。右侧增加了一组关注度关联的文档节点 d_{aj} 和一组价值度关联的文档节点 d_{vj}，它们组成的空间表示为 A 和 V。

当用户提出查询时，依据拓扑结构将结合关键词证据、关注度证据和价值度证据计算每篇文档和查询的相关度。不同证据的组合可以采用析取、合取两种方法。

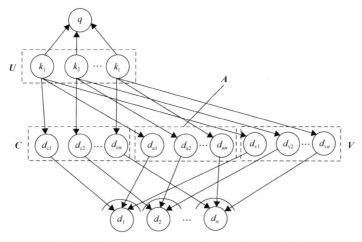

图 7.5 基于文献引用关系扩展的信念网络模型

2. 概率推导

扩展模型仍采用 $P(d_j|q)$ 作为最终排序依据。由于扩展模型的证据来自三方面，即基于文档内容、基于文档关注度和基于文档价值度，因此 $P(d_j|u)$ 在扩展模型中需要赋予新的含义。

在扩展模型中，$P(d_{aj}|u)$ 表示关注度证据，取值为文献 d_j 的关注度值；$P(d_{vj}|u)$ 表示价值度证据，取值为文献 d_j 的价值度值；$P(d_{cj}|u)$ 仍表示基于文献内容的证据，其计算方法仍可按公式 $P(d_j|u) = \dfrac{\sum\limits_{i=1}^{t} w_{i,dj} \times w_{i,u}}{\sqrt{\sum\limits_{i=1}^{t} w_{i,dj}^2} \times \sqrt{\sum\limits_{i=1}^{t} w_{i,u}^2}}$ 计算。

三种证据的组合方式可以有两种：合取（and）和析取（or）。采用不同的组合方式可以得到不同的排序计算式。

当使用 and 方式组合证据时，含义是如果一篇文献的三种证据值都相对比较大，它的最终排序就应当更靠前。依据这个思想和条件概率可得以下公式：

$$P(d_j|u) = P(d_{cj}|u) \times P(d_{aj}|u) \times P(d_{vj}|u) \qquad (7\text{-}16)$$

代入式(4-19)可得

$$P(d_j|q) = \eta \sum_u [P(d_{cj}|u) \times P(d_{aj}|u) \times P(d_{vj}|u)] \times P(q|u) \times P(u) \quad (7\text{-}17)$$

此公式存在一个问题，即扩展进来的关注度证据和价值度证据如果有一个取值为 0，即使文献内容证据很大，$P(d_j|q)$ 值也将为 0，这明显是不

合理的。针对这个问题，对式(7-17)进行如下修正：

$$P(d_j|q) = \begin{cases} \eta \sum\limits_{u} P(d_{cj}|u) \times P(q|u) \times P(u), & P(d_{aj}|u) = 0 \wedge P(d_{vj}|u) = 0 \\ \eta \sum\limits_{u} [P(d_{cj}|u) \times P(d_{aj}|u)] \times P(q|u) \times P(u), & P(d_{vj}|u) = 0 \\ \eta \sum\limits_{u} [P(d_{cj}|u) \times P(d_{vj}|u)] \times P(q|u) \times P(u), & P(d_{aj}|u) = 0 \\ \eta \sum\limits_{u} [P(d_{cj}|u) \times P(d_{aj}|u) \times P(d_{vj}|u)] \times P(q|u) \times P(u), & \text{其他} \end{cases}$$

$$(7\text{-}18)$$

当使用 or 方式组合证据时，由条件概率可得：

$$P(d_j|u) = 1 - [(1 - P(d_{cj}|u)) \times (1 - P(d_{aj}|u)) \times (1 - P(d_{vj}|u))] \quad (7\text{-}19)$$

代入式(4-19)可得

$$P(d_j|q) = \eta \sum\limits_{u} \left\{ 1 - \left[(1 - P(d_{cj}|u)) \times (1 - P(d_{aj}|u)) \times (1 - P(d_{vj}|u)) \right] \right\}$$
$$\times P(q|u) \times P(u) \qquad (7\text{-}20)$$

信息检索就是要查找同查询术语匹配的文档，内容的相似程度是最重要的因素，对最终排序起主要作用，文档关注度和价值度只能作为辅助证据，对最终排序起次要作用。由关注度和价值度的定义可知，关注度高的文献被广泛引用，一定是重要的；价值度高的文献引用了很多有重要的文献，但它本身内容不一定很重要。因此，关注度所起的作用应当大于价值度。

考虑到文档内容、关注度和价值度对查询结果排序的影响大小是不同的，故增加了两个系数 α 和 β 来调整三种证据在排序中所起作用的大小。α 代表关注度相对于内容证据作用的大小，β 代表价值度相对于关注度证据作用的大小，它们的值均在 0 到 1 之间。于是，对于 and 方式，式(7-18)可以改写为式(7-21)。

$$P(d_j|q) = \begin{cases} \eta \sum\limits_{u} P(d_{cj}|u) \times P(q|u) \times P(u), & P(d_{aj}|u) = 0 \wedge P(d_{vj}|u) = 0 \\ \eta \sum\limits_{u} [P(d_{cj}|u) \times \alpha P(d_{aj}|u)] \times P(q|u) \times P(u), & P(d_{vj}|u) = 0 \\ \eta \sum\limits_{u} [P(d_{cj}|u) \times \beta P(d_{vj}|u)] \times P(q|u) \times P(u), & P(d_{aj}|u) = 0 \\ \eta \sum\limits_{u} [P(d_{cj}|u) \times \alpha P(d_{aj}|u) \times \beta P(d_{vj}|u)] \times P(q|u) \times P(u), & \text{其他} \end{cases}$$

$$(7\text{-}21)$$

对于 or 组合方式，式(7-20)加上调节系数后变为式(7-22)。

$$P(d_j|q) = \eta \sum_u \left\{ 1 - \left[(1 - P(d_{cj}|u)) \times (1 - \alpha \times P(d_{aj}|u)) \times (1 - \alpha \times \beta \times P(d_{vj}|u)) \right] \right\}$$
$$\times P(q|u) \times P(u)$$

$$(7-22)$$

式(7-21)和式(7-22)为扩展模型两种组合证据方式的一般式。

7.3.3　实验与分析

1. 测试集数据

实验采用的测试集是从中国知网下载的 679 篇科技文献，其内容涉及计算机技术、数据挖掘、软件工程、计算机网络、信息检索等领域。测试集中的文献在逻辑上形成多个文献簇，每个文献簇内的所有文献之间都存在着直接或间接的引用关系。文档 d_i 的关注度和价值度表示为 $d_i(attention, value)$。

测试集包括 10 个由自然语言构成的查询，对于每个查询通过人工主观判断的方式为每个查询找出其相关文档集合。程序通过对查询结果文档集中每篇文档与相关文档集进行对比，判断检出的文档是否为相关文档，从而可以计算查准率/查全率。

2. 实验及分析

分别按基本模型、扩展模型的 and 和 or 组合方式进行实验。每种方式都输入准备好的 10 个查询，并根据相关度从大到小排序，结合排序结果和该查询的相关文档集计算出对应的查准率和查全率。然后对这 10 个查询的查准率和查全率求取平均值。

对于 or 组合方式，需要找出其调节系数 α 和 β 的最优值，因此，在运用 or 组合方式进行计算时，实验对 α 和 β 选取不同的值进行多次验证，最终找出其最优值。

由于 α 和 β 不同值的组合方式非常多，依次测试每种组合效率较低。考虑到关注度作用大于价值度，故先令 $\beta=0$，α 分别取值 0.9～0.1，先找出关注度的最优系数。此时 or 组合方式的查准率、查全率值见表 7.4。

从表 7.4 观察可知，在给定测试集上，当 $\alpha=0.5$ 时，检索效果最优。然后再令 $\alpha=0.5$，β 分别取值 0.8、0.6、0.5、0.4、0.2、0.1。由结果可知，当 $\beta=0.5$ 时，检索效果最好。因此选定 $\alpha=0.5$，$\beta=0.5$ 作为最优调节系数。

表 7.4 α 取不同取值情况下的查准率/查全率值

查全率/%		10	20	30	40	50	60	70	80	90	100
	$\alpha=0.9$	87.0	78.6	73.8	72.6	70.2	67.7	66.2	61.4	56.6	53.5
	$\alpha=0.8$	90.7	87.4	79.2	73.4	70.7	67.3	66.2	62.7	57.0	54.2
	$\alpha=0.7$	92.6	87.4	79.9	76.3	71.2	67.6	66.4	64.0	57.9	55.2
	$\alpha=0.6$	92.6	88.1	81.3	77.9	71.7	67.2	65.6	64.1	58.9	56.0
查准率/%	$\alpha=0.5$	92.6	88.1	81.3	79.5	74.1	69.7	65.6	64.2	60.4	55.7
	$\alpha=0.4$	92.6	86.7	81.5	79.4	74.5	70.4	66.7	63.9	60.2	55.6
	$\alpha=0.3$	92.6	86.7	80.7	79.4	76.1	70.5	68.3	64.0	60.2	55.8
	$\alpha=0.2$	92.6	86.7	80.7	77.2	76.1	71.2	68.7	64.4	60.9	55.6
	$\alpha=0.1$	92.6	86.7	81.0	77.2	75.6	71.2	69.9	65.1	59.4	55.8

研究者比较了基本模型，and 组合方式和 $\alpha=0.5$、$\beta=0.5$ 时 or 方式的实验结果。

(1) 总体来看，or 方式性能比基本模型有一定程度的提高。从理论上来分析，由于考虑了引用文档的关注度和价值度和证据，那些关注度或价值度较高的被引用文献也可能被认为和查询是相关的，那些与查询术语相关，同时关注度和价值度又比较高的文档相关度得到提高，因而可以提高查全率。但是由于某些只关注度和价值度比较高，但与查询术语并不相关的文档也可能被检索到，这些文档可能并不满足用户需要，因而查准率会有一定降低。

(2) 从直接的实验结果来看，and 方式仅在查全率为 10% 时查准率比基本模型和 or 方式略有提高，其他情况下的查准率反而略低。从理论上来分析，因为文档相关度计算不仅考虑了文档本身与查询的相关度，还考虑了文档价值度和关注度的影响，那些文档本身相关度、价值度和关注度都比较高的会排在前面，也即 and 方式的扩展模型应能提高查准率。但是，扩展模型在计算文档相关度时，采用 $P(d_{ej}|u)$、$P(d_{vj}|u)$ 和 $P(d_{aj}|u)$ 三者相乘，由于三者都是小于 1 的小数，其乘积会比原模型的 $P(d_j|u)$ 值低。这时如果判定文档相关的标准仍使用原模型的相关度值的话，则原来相关的文档可能会变为不相关。因此适当需要对相关度的值进行调整。调整方法可以适当增大 η，也可以适当降低相关性判断标准值，还可以采用另一种方式来认定相关文档，即借鉴 Web 检索的知识，三种模型均假定前 n 篇文档是相关的，进而比较它们之间的性能。

7.4　本章小结

组合不同类型的证据资源，提高检索性能是信念网络模型的主要优点之一。本章重点介绍了两种组合不同证据的信念网络扩展模型。

同义词、相关词等是信息检索领域重要的相关检索证据，在一定程度上表达了用户的查询需求。本章首先提出一种将同义词作为组合证据，实现信念网络扩展的方法，探讨了模型的拓扑结构，研究了利用扩展模型进行信息检索的基本方法，指出了模型的改进方向。

科技文档之间的引用关系对科技文档检索来说是一种重要的证据，在分析科技文档之间的引用关系的基础上，给出了科技文档价值度和关注度的概念及其计算方法，提出一种组合价值度和关注度证据的扩展信念网络模型，并分析了 and 和 or 两种组合方式的不同。实验验证了扩展模型的性能。

第8章 基于术语相似关系的简单
贝叶斯网络模型扩展

贝叶斯网络模型是由 de Campos 等提出来的一组信息检索模型，主要包括贝叶斯网络 (BNR) 模型、两层术语节点的贝叶斯网络 (Bayesian network retrieval model with two term-layers，BNR-2) 模型和简单贝叶斯网络 (SBN) 模型。

BNR 模型利用混合树 (polytree) 表示了术语之间的依赖关系，并利用一类学习算法挖掘了这种关系，但是学习算法耗时比较长。BNR-2 模型利用共现频率法挖掘了术语之间关系，并利用两层术语节点表示了这种关系，但是该方法只考虑了两个共现术语中一个术语对术语间相关程度的影响，计算得到的相关度不够准确，且术语之间的强度关系主要依赖于被测试的集合，不能很好地处理数据稀疏问题。SBN 模型包含两层节点，一层术语节点和一层文档节点，查询节点作为证据在检索过程中引入。和信念网络模型一样，SBN 模型也没有考虑术语之间的关系，假定术语之间相互独立，因而也无法实现基于语义的检索。

本章首先讨论如何利用词语间同义关系对简单贝叶斯网络检索模型进行扩展，然后介绍一种利用文档间关系扩展的 SBN 模型，它同样可以提高模型性能。

8.1 基本 SBN 模型

8.1.1 拓扑结构

如上所述，SBN 模型的变量集合 V_S 由两个不同的变量集组成，$V_S = T \cup D$。其中 $T = \{T_1, T_2, \cdots, T_M\}$，表示由 M 个索引术语组成的术语集合。$D = \{D_1, D_2, \cdots, D_N\}$ 表示由 N 篇文档组成的文档集合。本章的符号 T_i $(i=1,2,\cdots,M)$ 表示术语，D_j $(j=1,2,\cdots,N)$ 表示文档，同时也表示与其相关的变量和节点。术语变量 T_i 和文档变量 D_j 都是二进制的随机变量，取值集合分别为 $\{\bar{t_i}, t_i\}$、$\{\bar{d_j}, d_j\}$。$\bar{t_i}$ 和 t_i 分别表示 "术语 T_i 不相关" 和 "术语 T_i 相关"，$\bar{d_j}$ 和 d_j 分别表示 "文档 D_j 与给定的查询不相关" 和 "文档 D_j 与给定的查询相关"。

模型中的弧可根据以下原则确定：

（1）每一个术语节点 $T_i \in T$ 和包含该术语节点的每一个文档节点 $D_j \in D$ 之间存在一个连接，且由术语节点指向文档节点。这直观地反映了文档与其索引术语间的依赖性，即表示术语 T_i 是文档 D_j 的一个索引术语。

（2）假定文档节点之间相互独立，所以任意文档节点 D_j 和 D_k 之间没有连接。也就是说文档间的依赖关系不是直接的，总是依赖于文档中所包含的术语。

（3）假定术语之间相互独立，所以术语节点（所有的术语节点都是根节点）之间不存在依赖性，即相互之间没有连接。

当索引任意文档 D_j 的所有术语的（无关）相关值已知时，D_j 和其他任意文档 D_k 之间都是条件独立的。即当给定查询 Q 时，D_j 服从的概率分布独立于 D_k 的值。可以表示为：$P(D_j | Q, D_k) = P(D_j | Q)$。这就意味着文档 D_j 与给定查询的相关程度可以完全由组成文档 D_j 的所有术语的相关状态确定。

图 8.1 说明了简单贝叶斯网络模型的结构。

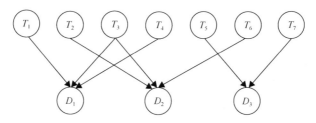

图 8.1　简单贝叶斯模型拓扑结构

8.1.2　概率分布

1. 术语节点

由图 8.1 可见所有术语都是根节点且相互独立，所以定义每一个术语 T_i 相关的边缘概率为 $P(t_i) = 1/M$，其不相关的概率为 $P(\overline{t_i}) = 1 - P(t_i) = (M-1)/M$，其中 M 为集合中术语的数目。一般情况下任意根术语节点相关的先验概率很小，且与索引术语集合的规模成反比。

2. 文档节点

文档节点 D_j 的父节点集合由该文档的所有索引术语节点组成，即 $Pa(D_j) = \{T_i \in T | T_i \in D_j\}$。令 $pa(D_j)$ 为 $Pa(D_j)$ 中每个术语变量取值（相关

或不相关)后的一个组合，利用一般正则模型的概率函数，定义文档 D_j 相关的条件概率为

$$P(d_j \mid pa(D_j)) = \sum_{T_i \in D_j, t_i \in pa(D_j)} w_{ij} \qquad (8\text{-}1)$$

其中，w_{ij} 为文档 $D_j \in D$ 的索引术语 $T_i \in D_j$ 的权重，$w_{ij} \geqslant 0$，$\forall i, j$，且 $\sum_{T_i \in D_j} w_{ij} \leqslant 1, \forall j$。$t_i \in pa(D_j)$ 意味着只将 $Pa(D_j)$ 中相关术语的权重相加，所以 $Pa(D_j)$ 中相关术语越多，D_j 的相关概率值就越大。权重 w_{ij} 可以按照传统的 TF-IDF 方法定义如下：

$$w_{ij} = \alpha^{-1} \frac{tf_{ij} \times idf_i^2}{\sqrt{\sum_{T_k \in D_j} tf_{kj} \times idf_k^2}} \qquad (8\text{-}2)$$

其中，α 为规格化常数(用来保证 $\sum_{T_i \in D_j} w_{ij} \leqslant 1$，$\forall D_j \in D$)；$tf_{ij}$ 为术语频度，即术语 T_i 在文档 D_j 中出现的次数；idf_i 为倒排文档频度，即 T_i 出现的文档数。

8.1.3　推理与检索

查询时，Q 当做一个证据引入。当查询 Q 提交给系统时，即开始检索过程：首先，假定查询 Q 的每个术语的状态为相关；然后，据此在整个网络中进行推理，计算出每篇文档 D_j 与查询 Q 的相关度 $P(d_j \mid Q)$；最后，文档以概率 $P(d_j \mid Q)$ 递减的顺序呈现给用户，其中 $P(d_j \mid Q)$ 大于某一阈值的，被认为是与查询 Q 相关的文档，其他的被认为是不相关的文档。

虽然 SBN 模型的拓扑相对简单，但是对于实际的文档集合而言，贝叶斯网络也包含数千个节点，而且许多节点还有大量的父节点，考虑到效率问题，不能使用一般的传播算法。为此 SBN 模型充分利用网络拓扑结构(网络中文档节点与术语节点间的依赖关系)和文档节点中使用的概率函数(式(8-1))，设计了一个推理函数，用来估计每篇文档 D_j 与查询 Q 相关的后验概率 $P(d_j \mid Q)$。该推理函数的正确性在 BNR 模型中已经进行了证明。后验概率 $P(d_j \mid Q)$ 的估计函数为式(8-3)。

$$P(d_j \mid Q) = \sum_{T_i \in D_j} w_{ij} P(t_i \mid Q) \qquad (8\text{-}3)$$

由于术语节点相互独立，根据条件独立性可得：如果 $T_i \in Q$，则 $P(t_i|Q) = 1$；否则 $P(t_i|Q) = 1/M$。将其代入式 (8-3) 得

$$
\begin{aligned}
P(d_j|Q) &= \sum_{T_i \in D_j \cap Q} w_{ij} + \frac{1}{M} \sum_{T_i \in D_j \setminus Q} w_{ij} \\
&= \sum_{T_i \in D_j \cap Q} w_{ij} + \frac{1}{M} \sum_{T_i \in D_j} w_{ij} - \frac{1}{M} \sum_{T_i \in D_j \cap Q} w_{ij} \\
&= \frac{1}{M} \sum_{T_i \in D_j} w_{ij} + \frac{M-1}{M} \sum_{T_i \in D_j \cap Q} w_{ij}
\end{aligned}
\tag{8-4}
$$

注意，$P(d_j) = \dfrac{1}{M} \displaystyle\sum_{T_i \in D_j} w_{ij}$ 可以看作是文档 D_j 相关的先验概率，可以看出，后验概率总是大于先验概率，即 $P(d_j|Q) \geqslant P(d_j)$。

式 (8-4) 没有考虑 Q 中查询术语的权重，假定 Q 中索引术语的权重为 qf_i，据此对式 (8-4) 进行修改，以体现出现频率高的查询术语更重要，得到式 (8-5)。

$$
p(d_j|Q) = \sum_{T_i \in D_j \cap Q} w_{ij} qf_i + \frac{M-1}{M} \sum_{T_i \in D_j \setminus Q} w_{ij}
\tag{8-5}
$$

由以上介绍可知，SBN 模型包括了定性和定量两部分。定性部分是一个有向无环图，节点表示文档和文档的索引术语，弧表示术语对文档的索引关系；定量部分存储了相应的概率。可以说 SBN 模型的基本思想更符合贝叶斯网络的基本概念和基本原理。

8.2　基于术语间同义关系扩展的 SBN 模型

在 SBN 模型中，如果一篇文档 D_j 不包含查询 Q 中的任何术语，那么可以肯定的是，即使索引该文档的术语与查询术语语义相同或相似也检索不到该文档，因为文档节点仅通过索引术语与查询相联系。基于术语间同义关系扩展的 SBN 模型利用同义词来扩展术语子网，在原模型上增加一层术语节点，并加入模拟术语节点间同义关系的弧，以便可以检索到那些与查询术语语义相同或相似的文档[37,38]。

利用术语间同义关系扩展的 SBN 模型记为 SSBN (Synonyms-based Extended SBN Model) 模型。

8.2.1　SSBN 模型的拓扑结构

在 SSBN 模型中，复制原始术语层 T 中的每个术语节点 T_i，得到术语节点 T_i'，从而形成一个新术语层 $T' = \{T_1', T_2', \cdots, T_M'\}$，因此模型的变量集合为 $V_E = T' \cup T \cup D$。T' 中的术语变量 T_i' 也是二进制的随机变量，取值集合为 $\{\bar{t_i}', t_i'\}$，$\bar{t_i}'$ 和 t_i' 分别表示"术语 T_i' 不相关"和"术语 T_i' 相关"。

连接两个术语层的弧的含义为：

(1)任意术语 T_i' 与其本身 T_i 之间存在由 T_i' 指向 T_i 的弧；

(2)若术语 T_i 与 T_j 互为同义词，则存在由 T_i' 指向 T_j 的弧和由 T_j' 指向 T_i 的弧，亦即同义词具有对称性。

每个术语 T_i 的同义词个数控制不超过 c 个(不含 T_i 本身)。因此，术语节点 $T_i \in T$ 的父节点集合 $Pa(T_i)$ 由术语节点 T_i' 及 T_i 的同义词节点 T_j' 组成。

术语层 T 到文档层 D 的弧的指向和 SBN 模型相同。

SSBN 模型的拓扑结构如图 8.2 所示。

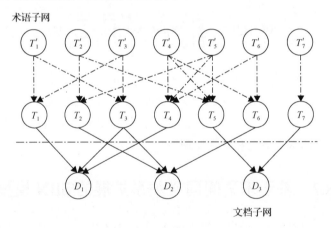

图 8.2　SSBN 模型拓扑结构

8.2.2　挖掘术语间关系

术语 T_i 的父节点集合 $Pa(T_i)$ 可以利用 4.2 节所述的同义词词典得到。具体方法为：

(1)术语 T_i 本身属于其父节点集合。

(2)当术语 T_i 在术语集合 T 中的同义词个数少于 c 个时，T_i 所有的同义词均作为其父节点。

(3)当术语 T_i 在术语集合 T 中的同义词个数多于 c 个时,选取其中与 T_i 术语相似度最大的 c 个同义词连同 T_i' 一起组成其父节点集合。

8.2.3　SSBN 模型的概率估计

SSBN 模型的概率估计的具体方法如下:

(1)根术语节点。

根术语节点的概率分布与简单贝叶斯网络相同。即每一个术语 T_i' 相关的边缘概率为 $P(t_i')=1/M$,其不相关的概率为 $P(\overline{t_i'})=1-P(t_i')$,其中 M 为集合中术语的数目。

(2)非根术语节点。

对于任意非根术语节点 T_i,令 $pa(T_i)$ 为 $Pa(T_i)$ 中每个术语变量取值(相关或不相关)后的一个组合,利用一般正则模型的概率函数可得

$$P(t_i|pa(T_i)) = \sum_{T_j'\in Pa(T_i),t_j'\in pa(T_i)}' v_{ij} \tag{8-6}$$

其中,v_{ij} 为衡量每个术语 $T_j'\in Pa(T_i)$ 对术语 T_i 影响程度的权重,$t_j'\in pa(T_i)$ 意味着只将 $Pa(T_i)$ 中相关术语的权重相加。若术语 T_i 有多个父节点,则权重 v_{ij} 定义如下:

$$v_{ij} = \begin{cases} \beta, & i=j \\ \dfrac{1-\beta}{c}, & i\neq j \end{cases} \tag{8-7}$$

式(8-7)中,$0.5\leqslant\beta\leqslant1.0$,为术语 T_i 同义词权重的调节系数,用于调节术语 T_i 与其同义词集合之间的影响程度。公式中假定 T_i 本身的影响系数为 β。若 $\beta=0.5$,则术语本身和其同义词集合具有相同权重。这时对于只有一个同义词的术语而言,术语本身和该同义词就具有了等同的重要性。考虑到实际上术语本身要比同义词重要,故取值一般应大于 0.5。若 $\beta=1.0$,则术语的同义词对检索不产生影响。这种情况等价于简单贝叶斯网络检索模型。同时这样定义也保证了 T_i' 对 T_i 的最大强度关系。

式(8-7)中,c 为术语 T_i 的同义词个数,若 T_i 的同义词个数不足 c 个,仍按 c 个计。式(8-7)假定 T_i 的 c 个同义词具有同样的影响,均为 $1/c$。式(8-7)的另一个作用保证了 $\displaystyle\sum_{\substack{T_j'\in Pa(T_i)\\t_j'\in pa(T_i)}} v_{ij}\leqslant1$。

(3)文档节点。

扩展模型中文档节点的概率估计仍和原 SBN 模型一样,使用正则模型函数估计得到。即 $P(d_j \mid pa(D_j)) = \sum\limits_{T_i \in D_j, t_i \in pa(D_j)} w_{ij}$ 。

w_{ij} 为文档 $D_j \in D$ 的索引术语 $T_i \in D_j$ 的权重,仍采用 SBN 模型的定义,

$$w_{ij} = \alpha^{-1} \frac{tf_{ij} \times idf_i^2}{\sqrt{\sum\limits_{T_k \in D_j} tf_{kj} \times idf_k^2}} 。$$

8.2.4　推理与检索

利用 SSBN 模型进行检索的过程,仍是计算每篇文档 D_j 与查询 Q 相关的后验概率 $P(d_j \mid Q)$ 的过程。由于增加了一层术语节点,其相应的推理过程可分三步进行。

(1)实例化根术语节点的后验概率。

因为术语层 T' 中的术语相互独立,所以 $T_j' \in Q$ 时, $P(t_j' \mid Q) = 1.0$,否则 $P(t_j' \mid Q) = 1/M$ 。

(2)估计术语层 T 中任意术语 T_i 的后验概率 $P(t_i \mid Q)$ 。

$P(t_i \mid Q)$ 可以通过式(8-8)估计如下:

$$P(t_i \mid Q) = \sum_{T_j' \in Pa(T_i)} v_{ij} P(t_j' \mid Q) = \sum_{T_j' \in Pa(T_i), i \neq j} \frac{1 - \beta}{c} P(t_j' \mid Q) + \beta P(t_i' \mid Q) \quad (8-8)$$

(3)基于以上推理,计算文档 D_j 的最终后验概率 $P(d_j \mid Q)$ 。

$$P(d_j \mid Q) = \sum_{T_i \in Pa(D_j)} w_{ij} P(t_i \mid Q) \quad (8-9)$$

(4)文档以概率递减的顺序呈现给用户,完成检索。

需要说明的是,在挖掘术语之间同义词时用 c 控制了术语 T_i 的同义词个数,这样做的目的是尽可能使每个术语都有同义词作为父节点,但又不至于同义词太多。实际上当其术语 T_i 与同义词的相似度比较小时,有可能影响检索的查准率,一个可行的方法是利用最优同义词的概念,即术语 T_i 在术语集合 T 中的所有最优同义词做为其父节点。

8.2.5　利用术语相似度改进扩展的贝叶斯网络检索模型

基于同义词扩展的简单贝叶斯网络检索模型虽然扩大了相关信息的检

索，从整体上提高了检索性能，但是实际上同义词之间的相似程度并不相同，对所有同义词不加区别地统一看待显然是不科学的，其可能导致的一个不良结果就是检索到无关信息，降低查准率。

为了克服上述缺点，可以利用术语相似度将术语间的相似程度量化，改进后的扩展模型仍采用图 8.2 所示的拓扑结构，但权重 v_{ij} 的定义利用术语 T_i 与其同义词之间的术语相似度[38]。例如，v_{ij} 的一种可能定义如下：

$$v_{ij} = \begin{cases} \beta, & 0.5 \leqslant \beta \leqslant 1.0, \quad i = j \\ \dfrac{1-\beta}{\sum\limits_{T_j' \in Pa(T_i), i \neq j} Sim(T_i, T_j')} Sim(T_i, T_j'), & i \neq j \end{cases} \qquad (8\text{-}10)$$

式 (8-10) 表明，术语 T_i 本身的影响权重为 β，其同义词集合的总权重为 $1-\beta$。T_i 的每个同义词的影响权重定义为该同义词和 T_i 之间的术语相似度所占 T_i 与其所有同义词术语相似度之和的比例。这种定义既保证了术语本身对 T_i 的最大强度关系，又可以辨别不同的同义词与 T_i 之间依赖关系的强度，量化了术语 T_i 与其同义词之间的关系。

8.2.6　模型性能评估

为了方便描述，简单贝叶斯网络模型简写为 SBN，基于同义词扩展的简单贝叶斯网络检索模型简写为 SSBN1，利用术语相似度改进的扩展贝叶斯网络检索模型简写为 SSBN2。三个模型的实验验证结果如下[145]。

1) 测试参考集合

实验所用测试文档集、查询实例集以及与查询实例相关的文档集具体情况如下：

(1) 测试文档集。

从中国学术期刊网全文数据库按 12 个主题下载 741 篇文档，然后抽取文档标题中的术语和关键词作为文档的原始代理形式，统计这些术语在文档中的词频，经处理后共包含 1113 个索引术语。

术语权重采用 TF-IDF 加权策略的一个变形公式计算，最后文档表示成术语的权重向量形式，即 $d_j = (w_{1j}, w_{2j}, \cdots, w_{kj})$。

(2) 查询实例集。

手工构造 9 个查询，分成普通查询和可扩展查询两类，目的是从不同角度比较模型 SBN、SSBN1、SSBN2 的检索性能。

普通查询中的查询术语在测试集的索引术语集合中没有同义词，理论上讲该类查询在简单模型(SBN)和扩展模型(SSBN1、SSBN2)中得到的检索结果是相同的,包括排序也是一致的。

可扩展性查询中有些术语能在术语层找到其若干同义词,若相似度大于规定阈值,则其同义词用来扩展查询。理论上讲该类查询具有以下检索效果。

①只有某文档与查询的相关度大于某个阈值,该文档才被认为是相关的,这样对于简单模型 SBN 来说,那些包含了查询术语但其权重不高的文档可能会被过滤掉。扩展模型由于同时利用了同义词关系,那些既包含查询术语又包含查询术语同义词的文档的相关度会得到提高,一些不包含查询术语本身但包含查询术语同义词的文档也可能被检索到。所以理论上 SSBN1 和 SSBN2 模型都会有比 SBN 模型更好的性能。

②由于相似度量化了同义词间的相似程度,SSBN2 模型的检索结果排序一般会比 SSBN1 模型更为科学。因为利用术语相似度对用于扩展查询的同义词做了限制,只有积极的同义词,即相似度大于规定阈值的同义词起作用,这样就减少了检索到的无关文档数量。

具体的查询实例如表 8.1 所示。

表 8.1　查询实例表

类别	查询实例
普通查询	Q_1 人民币汇率制度,Q_2 保险营销
可扩展性查询	Q_3 科学技术与生产力的关系,Q_4 人民币升值问题,Q_5 中文信息检索,Q_6 农业发展政策,Q_7 资产重组,Q_8 调查方法,Q_9 企业整合

(3)相关文档集。

根据查询实例的主题思想,通过人工分析构建。

(4)同义词的获得。

实验所用的同义词利用《同义词词林(扩展版)》得到,术语相似度利用《知网》计算。9 个查询实例中用于扩展查询的同义词及其相似度值如表 8.2 所示。

2)模型性能评测与分析

扩展模型中的参数 β 是一个经验常数,这里并不能确定具体取值,故人工规定了 6 个不同的值来进行实验。

对于普通查询,正如前面分析,2 个查询实例在三个检索模型上的查准率完全相同,相关文档的排序也一致。原因在于普通查询没有利用同义词关系,这样对于扩展模型而言调节参数 β 也不再发挥作用,所以此时三个检索模型是等价的。

表 8.2　同义词及相似度表

同义词	相似度值	同义词	相似度值
关系、关联	1.0	方法、方式	0.044
升值、增值	1.0	方法、措施	1.0
中文、汉语	1.0	资产、资本	1.0
检索、搜索	1.0	资产、财产	0.348
发展、进步	0.286	资产、资金	1.0
政策、策略	0.286	资产、成本	0.369
政策、方针	0.6	重组、组合	0
调查、调研	1.0	重组、整合	0
调查、考察	1.0	公司、企业	0.8

对于可扩展性查询，7 个查询实例在 11 个标准查全率级所对应的平均查准率如表 8.3 所示。

表 8.3　SBN/SSBN1 和 SSBN2 的检索性能对照表

查全率/%	SBN SSBN1 SSBN2 (1.0)	SSBN1 (0.9)	SSBN2 (0.9)	SSBN1 (0.8)	SSBN2 (0.8)	SSBN1 (0.7)	SSBN2 (0.7)	SSBN1 (0.6)	SSBN2 (0.6)	SSBN1 (0.5)	SSBN2 (0.5)
						查准率/%					
10	80.71	83.71	85.71	86.29	87.29	91.29	91.29	92.86	92.86	94.29	94.29
20	78.08	79.08	81.13	82.86	83.90	87.88	85.93	89.86	91.90	88.28	90.32
30	65.87	69.82	72.82	73.15	75.90	78.47	81.56	77.75	81.65	78.18	80.94
40	61.72	66.35	67.85	69.26	73.27	75.84	78.46	74.05	78.85	72.86	75.09
50	56.09	61.62	64.91	65.56	69.31	70.13	74.17	70.34	74.16	70.99	72.34
60	53.57	58.07	63.91	62.52	66.03	66.91	72.17	67.23	72.18	66.44	69.53
70	46.57	54.29	56.68	57.73	62.09	62.42	67.43	63.06	66.07	63.45	64.31
80	46.60	49.28	51.86	52.69	56.84	58.20	62.04	58.14	60.80	58.39	59.37
90	38.78	44.82	41.57	49.16	45.14	53.83	52.47	53.27	52.92	53.33	53.41
100	20.71	25.63	23.34	33.91	32.11	37.55	36.71	39.26	38.81	40.57	43.55

综合分析表 8.3 中的数据可以看出：SSBN1 和 SSBN2 的检索性能明显优于 SBN，扩展模型 SSBN2 的检索性能比 SSBN1 的检索性能有所提高，主要是因为术语相似度对用于扩展查询的术语作了限制，而且通过调节参数 β 的取值改变 SSBN1 和 SSBN2 中术语间的强度关系可以获得更理想的检索效果。在查全率比较低时，SSBN2 的检索性能较佳，但是在查全率较大时，SSBN2 的检索性能略微下降，主要是因为引入术语相似度后进一步弱化了那些与查询术语的相似度较低的同义词的权重。

β=0.5 时，SSBN1 和 SSBN2 的检索效果都是最佳的，但是对于只有一个同义词的术语而言，缺乏辨别同义词的能力，即查询术语与其同义词等同对待了，而实际上查询术语本身更重要一些；对于 β 取其他值的情况，如 β=0.6 和 β=0.7，检索效果比较理想；β=1.0 时，SSBN1 和 SSBN2 都等价于 SBN。

另外，对于可扩展性查询的某些查询实例而言，SSBN2 模型的检索结果排序也发生了变化，具体变化情况如表 8.4 所示。

表 8.4　考虑术语相似度后相关文档排序的变化情况

查询	相关文档排序变化百分比/%					
	β=0.5	β=0.6	β=0.7	β=0.8	β=0.9	β=1.0
Q_6	23.10	30.77	34.62	26.92	11.54	0.00
Q_7	90.00	96.67	96.67	83.33	53.33	0.00
Q_8	21.62	24.32	27.03	13.51	8.11	0.00
Q_9	95.00	65.00	92.50	87.50	82.50	0.00

表 8.4 中的数据表明：对于有多个同义词的查询术语而言，相似度可以更好地区分包含相异同义词的相关文档，即查询 Q_6、Q_7、Q_8、Q_9 的部分相关文档的排序与不考虑术语相似度时发生了改变，主要原因在于相似度小于 0.4 的同义词都被滤掉了，或者不同同义词的相似度不完全相等。扩展查询 Q_3、Q_4、Q_5 的排序情况没有变化，主要是因为查询术语只有一个可以用来扩展的同义词，所以式 (8-7) 和式 (8-10) 等价，即此时 SSBN1 和 SSBN2 的检索结果相同。此外，如果查询中的术语有多个可以用来扩展的同义词，而且这些同义词与查询术语的相似度都相同，此时 SSBN1 和 SSBN2 的检索结果也相同。

实验证明：与 SBN 相比，SSBN1 和 SSBN2 都具有较好的检索性能，尤其是 SSBN2，利用术语相似度对用于扩展查询的同义词作了一定限制，检索效果更好，呈现给用户的相关文档排序更能符合用户要求。

8.3　基于文档间关系扩展的 SBN 模型

SSBN 模型解决了 SBN 模型存在的，文档 D_j 不包括查询术语但包含查询术语同义词，致使 D_j 检索不到的问题。现实中还存在另一类问题，就是即使文档 D_j 与查询相关文档之间存在关联关系(比如含有共同的索引术语)，如果 D_j 不包含查询术语的话，它也很难被检索到。究其原因是因为文档之间仅通过包含的共同索引术语关联，SBN 模型没有考虑文档之间的内在联系。de Campos 等提出一种在 SBN 模型中增加一层文档节点和两层文档节点之间的弧，通过挖掘文档之间的关系来解决该问题的方法。由于该方法是基于文档之间关系对 SBN 模型扩展的，本书将其简称为 DSBN（Extended SBN Model based on Relationship between Documents）模型。

8.3.1　DSBN 模型的拓扑结构

DSBN 模型在 SBN 模型的基础上增加了一层文档节点 $D' = \{D_1', D_2', \cdots, D_N'\}$，$D'$ 是 D 的一个完全复制。D_i 到 D_j' 之间的弧根据二者之间的相似性确定，弧的含义类似于文档聚类，文档间的相似性可以通过后验概率估计获得。

假定 $e(D_i)$ 表示与文档 D_i 有关的某类证据，对于给定的文档 D_j，计算 $p(d_j | e(D_i)), \forall D_i \in D$，那些 $p(d_j | e(D_i))$ 值最大的文档 D_i 可以认为是与 D_j 密切相关的文档。对于每一个文档 D_j 都可以得到 c 个 $p(d_j | e(D_i))$ 值最大的文档，其集合记作 $R_c(D_j)$。在 DSBN 模型中，对于任意 $D_i \in R_c(d_j)$，都有一条从 D_i 指向 D_j' 的弧。

DSBN 模型的拓扑结构如图 8.3 所示。

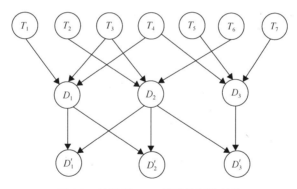

图 8.3　扩展后 SBN 模型的拓扑结构

采用这种方法的优点有二：其一，基本模型作为扩展模型的一个子图，那么术语节点和第一层文档节点的条件概率可以不再重新定义；其二，同一层术语节点之间没有连接，推理比较简单。

8.3.2　DSBN 模型的概率估计

基本模型中定义了术语节点的边缘概率和第一层文档节点的概率，故扩展模型中只需给出第二层文档节点的概率估计, 即 $p(d_j{'} \mid pa(d_j{'}))$。由式 (8-1) 可知, 需要定义 w_{ij}'。

定义 $w_{ij}' = p(d_j \mid e(D_i)) / S_j$, 换言之即

$$p(d_j' \mid pa(D_j')) = \frac{1}{S_j} \sum_{\substack{D_i \in Pa(D_j') \\ d_i \in pa(D_j')}} p(d_j \mid e(D_i)) \tag{8-11}$$

其中, $S_j = \sum_{D_k \in Pa(D_j')} p(d_j \mid e(D_k))$, $p(d_j \mid e(D_k))$ 可以利用 SBN 模型计算得到。

8.3.3　推理与检索

类似于 SBN 模型, DSBN 模型中需要推理计算 $p(d_j' \mid Q)$。根据式 (8-11) 可得

$$p(d_j' \mid Q) = \frac{1}{S_j} \sum_{D_i \in Pa(D_j')} p(d_j \mid e(D_i)) p(d_i \mid Q) \tag{8-12}$$

其中, $p(d_j \mid Q)$ 的计算方法在 SBN 模型中已经给出, 即按式 (8-4) 或式 (8-5) 计算。

从式 (8-12) 可以看出, DSBN 模型结合了文档之间关系 ($p(d_j \mid e(D_i))$) 和文档和查询的相关性 ($p(d_i \mid Q)$) 来最终确定文档和查询的相关度。在式 (8-12) 中, 关键是如何解释 $e(D_i)$, 其次是如何有效计算 $p(d_j \mid e(D_i))$。

$e(D_i)$ 可以有以下两种解释。

其一, 将 $e(D_i)$ 看作是事件 $[T_k = t_k, \forall T_k \in D_i]$。这时对于 D_i 来说只要其所有索引术语都相关, 则文档 D_i 相关, 这相当于引入一个包含其所有术语的查询 Q, 于是

$$p(d_j \mid e(D_i)) = \frac{1}{M} \sum_{T_k \in D_j} w_{kj} + \frac{M-1}{M} \sum_{T_k \in D_j \cap D_i} w_{kj} \tag{8-13}$$

其二, $e(D_i)$ 仅与文档 D_i 相关, 相当于 $[D_i = d_i]$。这时, $p(d_j \mid e(D_i))$ 的计算如式 (8-14) 所示。

$$p(d_j \mid e(D_i)) =$$

$$\frac{1}{M} \sum_{T_k \in D_j} w_{kj} + \frac{M-1}{M} \left(\frac{\sum\limits_{T_k \in D_j \cap D_i} w_{kj} w_{ki}}{\sum\limits_{T_h \in D_i} w_{hi}} \right) \forall i \neq j, \quad p(d_j \mid e(D_i)) = 1 \qquad (8\text{-}14)$$

式(8-13)、式(8-14)中，第一项 $\dfrac{1}{M} \sum\limits_{T_k \in D_j} w_{kj}$ 与文档 D_i 无关，所以对于

任一文档 D_j，它对应 D'_j 的 c 个父节点，要么选择 $\sum\limits_{T_k \in D_j \cap D_i} w_{kj}$ 最大的，要么

选择 $\dfrac{\sum\limits_{T_k \in D_j \cap D_i} w_{kj} w_{ki}}{\sum\limits_{T_h \in D_i} w_{hi}}$ 最大的，这意味着 D_i 和 D_j 共同的索引术语越多，共同

索引术语的权重越大，二者就越相关。所以说 DSBN 模型的中的概率相似，与传统的文档相似本质上是一致的。

需要注意的是，式(8-13)与式(8-14)的含义并不完全相同，考虑到文档相似是不对称的，故式(8-14)对包含索引术语多的文档 D_i 作了惩罚措施。可以利用一个简单例子来说明这个问题。

假定有文档 $D_1=\{T_1,T_2,T_3\}$，$D_2=\{T_1,T_2,T_3,T_4,T_5\}$，$D_3=\{T_1,T_2,T_3,T_4,T_5,T_6,T_7\}$，并假定各个术语的权重相同，都为 1。我们分别考虑 D_1 和 D_2 的相似度，D_1 和 D_3 的相似度。

(1) 因为 $D_1 \cap D_2 = D_1 \cap D_3$，所以按照式(8-13)有，$\sum\limits_{T_k \in D_1 \cap D_2} w_{k1} = 3$，

$\sum\limits_{T_k \in D_1 \cap D_3} w_{k1} = 3$，二者相等。但是对于文档 D_2 来是 5 个索引术语中的 3 个

与 D_1 的相同，而对于 D_3 来说，则是 7 个索引术语中的 3 个与 D_1 的相同相同，显然这种结果不尽合理。

(2) 按式(8-14)有，$\dfrac{\sum\limits_{T_k \in D_1 \cap D_2} w_{k1} w_{k2}}{\sum\limits_{T_h \in D_2} w_{h2}} = \dfrac{3}{5}$，$\dfrac{\sum\limits_{T_k \in D_1 \cap D_3} w_{k1} w_{k3}}{\sum\limits_{T_h \in D_3} w_{h3}} = \dfrac{3}{7}$。可以看

出，由于文档 D_3 包含的术语更多，在计算文档之间的相似度时利用包含的索引术语个数做了一定惩罚。

de Campos 等在 ADI、CISI、CRAN、MED、CACM 等测试集上的实验证明，不管是利用式(8-13)还是式(8-14)，DSBN 模型的性能都比 SBN 有一定提高。尤其是在利用式(8-14)进行检索时，利用一个参数对 $i=j$ 和

$i \neq j$ 两种情况进行了区分，使得 DSBN 模型的效果得到更好体现。具体修正如下：

$$p(d'_j \mid Q) = \frac{1-\beta}{S_j - 1} \sum_{\substack{D_i \in Pa(D'_j) \\ D_i \neq D_j}} p(d_j \mid d_i) p(d_i \mid Q) + \beta p(d_j \mid Q) \qquad (8\text{-}15)$$

8.4　本　章　小　结

贝叶斯网络信息检索模型是由 de Campos 等提出来的系列模型，自第一个模型 BNR 提出以来，得到了迅速发展。尤其是其中的 BNR 模型，第一次利用了术语之间的关系，给出了该领域一个新的研究方向。本章针对其中的 SBN 模型，分别论述了利用术语间同义关系和文档间相似关系进行扩展的方法。

首先介绍了一种利用术语间同义关系，具有一个两层术语节点的扩展 SBN 模型，给出了模型的拓扑结构、概率估计和推理算法，实验验证了模型的性能。然后介绍了一个由 de Campos 给出的，利用文档间相似关系，具有两层文档节点的扩展模型，这是贝叶斯网络信息检索模型中首次利用文档间关系的扩展模型，为贝叶斯网络模型的扩展给出了一个新的思路。

第 9 章　利用术语关系扩展基于贝叶斯网络的结构化文档检索模型

随着一些新的文档表示方法如 SGML、HTML 和 XML 等的应用，结构化文档在互联网上变得非常普遍。相应地，结构化文档的检索也逐渐成为信息检索领域一个新的研究分支。

贝叶斯网络可以准确地表示文档的结构，可以有效地在整个网络中进行推理，可以计算出在给定查询下每个相关结构单元的条件概率。因此近年来将贝叶斯网络应用于结构化文档检索已经成为信息检索领域一个新的研究点，并出现了一些检索模型。影响图是一种广义的贝叶斯网络，2004 年由 de Campos 等成功引入信息检索领域。本章在介绍结构化文档、影响图等知识的基础上，重点介绍基于贝叶斯网络的 XML 文档查询模型，基于术语间共现关系扩展的简单影响图（Simple Influence Diagrams，SID）模型，并简要介绍了利用术语关系扩展基于贝叶斯网络的结构化文档检索模型方法。

9.1　相　关　知　识

9.1.1　结构化文档与结构化文档检索

结构化文档的表示方法一般采用树型结构[23,24]，如图 9.1 所示。

每一个结构化文档都可以看成是由 l 个抽象层次 $L_1,\cdots,L_l$ 组成的层次结构，每一层表示文档中一定的结构单元。例如，在一篇科技文献中可能包括节、小节、段落等。文档本身作为第一层(L_1)，其包含的各个部分根据其本身结构进行组织，每一层包含一组结构单元。结构单元是类似"3 节"、"2.1 节"等这样的部分，用 U_{ij} 表示，其中 i 是这个单元在第 j 层的标识。包含在第 j 层的结构单元数目用 $|L_j|$ 表示。用 L_j 表示第 j 层结构单元的集合，即 $L_j = \{U_{1j},\cdots,U_{|L_j|j}\}$。除了第一层的结构单元，每一个结构单元 $U_{ij}(j \neq 1)$ 都包含在其上一层(j–1)唯一的一个结构单元中。为了简化描述，假定文档集合中的所有结构化文档有相同的结构层次。

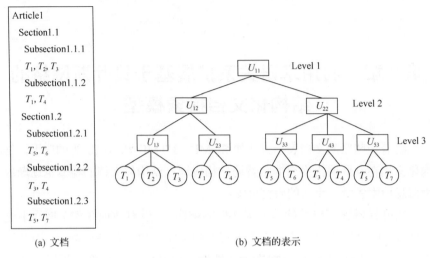

(a) 文档　　　　　　　　　　　(b) 文档的表示

图 9.1　结构化文档的表示

9.1.2　影响图

影响图[147~149]是广义的贝叶斯网络，它在贝叶斯网络的基础上添加决策节点和效用节点，给出了一种可视化的决策问题表示方法。与贝叶斯网络一样，一个影响图通常包含定性和定量两部分信息。

1) 定性部分

定型部分是一个有向无环图，包括三种类型的节点和两种类型的弧。节点表示不同类型的变量，弧表示节点之间的影响。

(1) 节点。

决策节点：通常用矩形表示，用来表示决策者能够直接控制的变量。这些变量对决策者能够选择的决策进行了建模。

随机节点：通常用圆形表示，用来表示随机变量，也就是和决策问题相关的不确定的量，并且不能直接控制。和贝叶斯网络中一样，它们通过条件概率分布来量化。随机节点的父节点无论是决策节点，还是随机节点，它们起作用的方式是一样的。

效用节点：通常用菱形表示，用来表示效用，也就是它们表达了决策过程得到结果的收益或偏好程度。用它们父节点产生结果的每一种可能组合的效用来量化。

(2) 弧。

随机节点之间的弧表示了概率依赖关系(和贝叶斯网络中的一样)。

决策节点指向随机节点的弧表示未来的决策会影响随机节点。

决策节点指向效用节点的弧表示未来的决策会影响收益的获得。

随机节点指向决策节点的弧也叫做信息弧，表示在作决策时应该知道随机节点的值。

随机节点指向效用节点的弧表示收益依赖于随机节点的取值。

两个节点之间没有弧则表示它们是(条件)独立关系。

2)定量部分

影响图的定量部分包含一组和随机节点联系的条件概率分布和每个效用节点相关的效用值。对影响图的评价是为每个决策节点寻找一个最优决策规则。

图 9.2 给出一个影响图实例。该影响图表示根据天气的情况决定是否需要带雨伞。其中，预报结点和天气节点是随机节点，这和贝叶斯网络中的节点是一样的。与它们相关的定量信息用来表示关于天气和预报的概率。满意度是一个效用节点，用来对系统进行评分。带伞是一个决策节点，需要为其确定一个值。

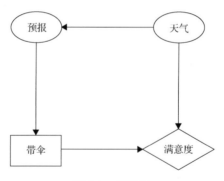

图 9.2　影响图

该影响图的目标是对于每个可能的预报都为决策节点选取一个值，使效用节点的值最大。例如，天气预报有雨，出门带了雨伞，确实下了雨，这时满意度显然高。如果天气预报没雨，出门没带伞，但下大雨，这时满意度显然不高。

9.1.3　XML 文档

XML 是英语 eXtensible Markup Language 的简写，其中文含义为"可扩展标识语言"。它最初于 1996 年提出，是 SGML(Standard Generalized Markup Language，标准通用标识语言)的一个子集，主要用于标识 Web 网页的内容。

使用 XML 描述的文档称为 XML 文档。

一个用 XML 描述的文档一般可分为三个区：声明区、定义区和主题区。声明区主要说明 XML 的版本，使用的字符集等信息；定义区用来定义文档的格式；主题区描述文档的内容[150,151]。

下面是一个简短的 XML 文档实例。

```
⟨?xml    version="1.0" encoding=utf-8 ?⟩
⟨doc⟩
⟨author⟩张美多，郭宝龙⟨/author⟩
⟨date⟩2007-08⟨/date⟩
⟨title⟩车牌识别系统关键技术研究⟨/title⟩
⟨text⟩
⟨p⟩
摘要：倾斜角度、边框清晰度影响着车牌的校正，边框、铆钉和间隔符等也影响字符的提取，该文提出了一种改进的 Harris 角点算法...⟨/p⟩
⟨p⟩
智能交通系统成为交通管理体系发展的新方向。在实际应用中，图像采集设备和车牌之间角度的变化，导致了车牌图像的倾斜现象。⟨/p⟩
⟨p⟩...⟨/p⟩
⟨/text⟩
⟨/doc⟩
```

可以看出，XML 版本是 1.0，字符集为 utf-8；文档题目为"车牌识别系统关键技术研究"；文档格式为"doc"；内容包括摘要部分及多个段落。

XML 具有下述优点：①结构化。将文档结构和内容分开描述，而且对文档内容的格式也可以严格说明，这样用 XML 描述的文档就具有了结构性。②可扩展。允许用户按一定规则根据需要创建自己的"标签集"，增加"样式""链接"等。③开放性。一是用户可以免费获得 XML 标准，二是任何用户都可以对结构良好的 XML 文档进行语法分析，如果提供了 DTD，还可以对文件进行校验。④灵活性。一方面 XML 文档本身也是纯文本文件，可以使用文本编辑工具进行编辑并方便浏览。

9.2　一个基于贝叶斯网络的 XML 文档查询模型

互联网上资源各种各样，为实现简单、方便、有效的 Web 查询，越来越多的信息采用 XML 数据模型统一描述 Web 上的各种资源，XML 已经成为 Internet 上数据描述和交换的主要标准。XML 的出现为信息的处理提供了内容与结构两方面强有力的支持，对 XML 文档检索的研究也越来越受到重视。

国外主要从两方面对 XML 文档检索进行研究。

（1）设计 XML 查询语言。一般是基于路径和树模式，这需要最终用户熟悉查询语言的语法，并要求用户全面了解文档结构，这显然与 Web 查询界面简单一致的原则相违背。

（2）对传统信息检索技术进行改进。把文档看成是一堆关键词的集合，不考虑或很少考虑文档的结构信息以及语义信息。这种方式不能很好地利用 XML 文档的结构信息及其固有的语义信息[152]。

针对上述问题，这里介绍一种基于贝叶斯网络的查询构造模型：用户只需要输入简单的自然语言，系统根据 XML 文档的内容和结构生成多个结构化查询，利用它们建立贝叶斯网络，计算各个查询在给定文档集合下的概率，选择概率最大的几个查询予以执行[153]。

9.2.1　XML 文档处理

如图 9.3 所示，一篇 XML 文档是按层次化的树型结构组织的，由若干章节组成，每一章节又由若干段组成。它可被转换成一棵对象节点树，树中根节点代表文档，其他的章、段落都是根节点的后代节点(称为元素)，叶节点表示元素内容。

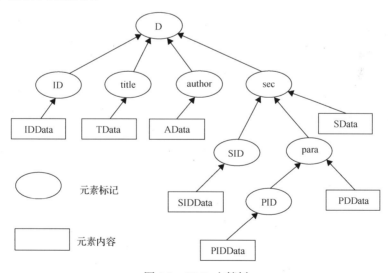

图 9.3　XML 文档树

优化的索引技术是建立查询的基础，这里的查询模型基于现描述的索引机制[154]。在 XML 文档中，元素文本的索引为"词汇，出现次数，位置"，其中位置结构为"文档 ID，章 ID，段 ID"。查询之前对文档进行如下处理：

从文档树中的所有节点中抽取索引词条，可将文档树处理为词汇树；词汇树中某个层次上的某个节点中的某个词汇的权重超过一定的阈值，应该将其从它所在的节点中删除，提升到高一层上，从文档底层到顶层处理所有节点，最后可以把整个文档整合为一个庞大的汇总树，根节点为文档集合，不包含概念；对汇总树各结构单元建立倒排文档。

9.2.2　XML 文档查询过程

1. 概念描述

这里只考虑 XML 文档的抽象描述，不考虑特殊的存储，具有普遍性。

定义 9-1　文档集合为 $D=\{D_1, D_2, \cdots, D_n\}, n \geqslant 1$。每个文档 $D_i = \{SN, TN\}$，D_i 由结构化单元集合和文本信息集合组成。结构化单元信息为集合 $SN = \{s_d^1, s_d^2, \cdots, s_d^{|d|}\}$，其中 s_d^i 表示文档的第 i 个结构单元，结构单元按照从上到下、从左到右排序，$|d|$ 是文档结构单元的个数。对于每个文档，它的文本信息为集合 $TN = \{t_d^1, t_d^2, \cdots, t_d^{|d|}\}$。每个结构单元 S_d^i 对应的文本信息 t_d^i 是由一些概念组成的 t_{ij}，$t_d^i = \{t_{i1}, t_{i2}, \cdots, t_{in_l}\}$，$n_l$ 表示 t_d^i 中的概念个数。

定义 9-2　按照索引机制将所有文档建立成一个词汇树，各结构单元包含的术语 $\tau = \{T_1, T_2, \cdots, T_n\}$，其中 T_i 表示第 i 个结构单元对应的术语集合。

定义 9-3　非结构化查询 $U = \{c_1, c_2, \cdots, c_k\}$，其中 c_i 表示概念，由词或短语组成。

定义 9-4　结构化查询 Q 是由顺序对组成的集合：$Q = \{\langle s_d^1, c_{11} \rangle, \langle s_d^1, c_{12} \rangle, \cdots, \langle s_d^1, c_{1n1} \rangle, \cdots, \langle s_d^{|d|}, c_{|d|1} \rangle, \cdots, \langle s_d^{|d|}, c_{|d|n_{|d|}} \rangle\}$，其中 s_d^i 是第 i 个结构单元，它可以有多个指向，c_{ij} 是出现在 s_d^i 中的概念。

2. 查询过程

在 Web 用户对需要的信息不太了解的情况下，查询的交互界面根据实际情况给出用户提示。用户在交互界面文本框中输入查询内容，然后对查询内容进行以下处理。

(1)对用户输入进行自然语言处理：借助知识库(包括语法、句法知识，语义、语用知识，常识，语料库，词典数据库，禁用词表和反向词频统计表等)里的词法、句法知识、分词词典，利用设定的程序对用户输入的查询语句进行自动分词，获得能正确表达查询意义的概念性词或词组，以此作为查询的基本概念去检索文档集合。

(2)查询扩展：基于同义词典和相关词典，对提取的概念进行语义扩展。为避免检索结果不准确，引入反馈机制，用户得到初次查询结果，反馈调整意见，系统自动调整语义扩展算法，通过多次学习系统会得到更好的结果。

(3)构造非结构化查询：参照扩展后的查询分析出非结构化查询 $U = \{c_1, c_2, \cdots, c_k\}$。

(4)构造结构化查询：结合非结构化查询 U 和术语集合 T_i，得出多个结构化查询。

(5)建模：将结构化查询、文档汇总树和术语集合 τ 建立贝叶斯网络模型，计算每个结构化查询在给定数据库下的概率，选择概率最大的结构化查询提交。

9.2.3　基于贝叶斯网络的 XML 文档查询模型

1. 模型的贝叶斯网络结构

模型的贝叶斯网络如图 9.4 所示。

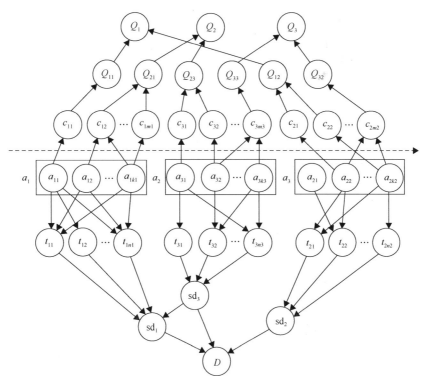

图 9.4　基于贝叶斯网络的 XML 数据库查询模型

可以看出，整个贝叶斯网络以虚线为界分为上下两部分，上半部分为查询子网络，下半部分为文档子网络。

对于查询子网络，Q_i 表示要排列的结构化查询，Q_{ik} 表示 Q_i 和第 k 个结构单元对应部分查询，c_{ij} 表示和 Q_{qi} 相关的概念。

对于文档子网络，D 为文档集合根节点，结构单元为 sd_1、sd_2、sd_3；t_{ij} 表示第 i 个结构单元包含的概念；a_{ij} 表示 T_i 中的一个术语，向量 a_i 表示术语集 T_i 中的一种取值情况，它有 $2^{|T_i|}$ 种取值。为了描述方便，假定每个 XML 文档汇总树都包含 3 个结构单元。每个节点表示要解决问题域中一个变量，变量值为二进制，当计算概率时变量相关则值为 1，否则为 0。

2. 推理

$P(Q_i \mid D)$ 表示在给定文档集合 D 下查询 Q_i 的概率，令向量 $k = a_1, a_2, a_3$，则

$$P(Q_i \mid D) = \eta \sum_{k} P(Q_i \mid k) P(D \mid k) P(k) \tag{9-1}$$

其中，η 为常量，实例化公式 (9-1) 得到

$$P(Q_i \mid D) = \eta \sum_{k} P(Q_i \mid Q_{i1}, Q_{i2}, Q_{i3}) P(Q_{i1}, Q_{i2}, Q_{i3} \mid k)$$
$$P(D \mid sd_1, sd_2, sd_3) P(sd_1, sd_2, sd_3 \mid k) P(k) \tag{9-2}$$

各部分解释如下：

(1) $P(Q_i \mid Q_{i1}, Q_{i2}, Q_{i3}) = \dfrac{C^{k_i}}{C^{k_U}}$，当且仅当 Q_{ik} 同时为 1。

Q_{ik} 为 Q_i 包含的部分查询（$k \in [1,2,3]$），$P(Q_i \mid Q_{i1}, Q_{i2}, Q_{i3})$ 等于 Q_i 在它包含的部分查询下的概率。当 Q_i 包含的部分查询只有一个或两个时，此部分概率通过 Q_i 在它的部分查询下的概率来计算；k_i 表示结构化查询 Q_i 包含术语数；k_U 表示用户给定非结构化查询包含术语数；C 是经验常数，$C \geq 1$。

(2) $P(D \mid sd_1, sd_2, sd_3) = 1$，当且仅当 sd_k 同时为 1。

sd_k 表示和查询 Q_{ik} 对应的术语相关层的元素，如果网络中 Q_{ik} 相关，而 sd_k 不相关，则 $P(D \mid sd_1, sd_2, sd_3) = 0$。

(3) 由于向量 a_1, a_2, a_3 相互独立，则 $P(Q_{i1}, Q_{i2}, Q_{i3} \mid k) = \prod_{j=1}^{3} P(Q_{ij} \mid a_j)$ 且

$$P(sd_1, sd_2, sd_3 \mid k) = \prod_{j=1}^{3} P(sd_j \mid a_j), \quad P(k) = \prod_{j=1}^{3} P(a_j)，所以式 (9-2) 可改写$$

为式 (9-3)。

$$P(Q_i \mid D) = \eta \sum_{\bar{k}} P(Q_i \mid Q_{i1}, Q_{i2}, Q_{i3}) (\prod_{j=1}^{3} P(Q_{ij} \mid \boldsymbol{a}_j) P(sd_j \mid \boldsymbol{a}_j) P(\boldsymbol{a}_j)) \quad (9\text{-}3)$$

其中：① $P(Q_{ij} \mid \boldsymbol{a}_j) = 1 - \prod_{m=1}^{m_j} 1 - P(c_{jm} \mid \boldsymbol{a}_j)$，$m_j$ 表示结构化查询的第 j 个部分查询中 c_{jm} 的个数。$P(c_{jm} \mid \boldsymbol{a}_j)$ 可以通过 cos 函数计算 c_{jm} 和 $\boldsymbol{a}_j$ 的相似度来得到，即 $P(c_{jm} \mid \boldsymbol{a}_j) = \cos(c_{jm}, \boldsymbol{a}_j) = \dfrac{\sum\limits_{c_{jm} \in T_j} w_{jm} g_m(\boldsymbol{a}_j)}{\sqrt{\sum\limits_{c_{jm} \in T_j} w_{jm}^2}}$，$g_m(\boldsymbol{a}_j)$ 表示向量 $\boldsymbol{a}_j$ 的第 m 个值。

② $P(sd_j \mid \boldsymbol{a}_j) = 1 - \prod_{m=1}^{n_j} 1 - P(t_{jm} \mid \boldsymbol{a}_j)$，$n_j$ 表示图 9.4 实例化后 sd_j 中有效值的个数。$P(t_{jm} \mid \boldsymbol{a}_j)$ 通过 cos 函数计算 t_{jm} 和 $\boldsymbol{a}_j$ 的相似度来得到，即

$$P(t_{jm} \mid \boldsymbol{a}_j) = \cos(t_{jm}, \boldsymbol{a}_j) = \frac{\sum\limits_{t_{jm} \in T_j} w_{jm} g_m(\boldsymbol{a}_j)}{\sqrt{\sum\limits_{ct \in T_j} w_{jm}^2}} \circ$$

w_{jm} 是 XML 文档词汇树中各概念的权重，按照下面两种情况计算。

如果词汇 t_{jm} 出现在非叶结点 sd_j 中，则有

$$w_{jm} = weight(t_{jm}, sd_j) = \ln(1 + tf(t_{jm}, sd_j)) \cdot I(t_{jm}, sd_j)$$

其中，$tf(t_{jm}, sd_j)$ 表示词汇 t_{jm} 出现在 sd_j 中的次数；$I(t_{jm}, sd_j)$ 是个熵，反应词汇 t_{jm} 在节点 sd_j 的直接后继节点中的分布情况，$I(t_{jm}, sd_j) = \dfrac{\sum\limits_{sub_k} tf(t_{jm}, sub_k) \cdot \ln \dfrac{tf(t_{jm}, sub_k)}{tf(t_{jm}, sd_j)}}{tf(t_{jm}, sd_j) \cdot \ln \dfrac{1}{N(sub)}}$，该公式中的 sub_k 表示节点 sd_j 的第 k 个后继节点，$N(sub)$ 表示 sd_j 直接后继节点的个数。

如果词汇 t_{jm} 出现在叶结点 sd_j 中，则有

$$w_{jm} = weight(t_{jm}, sd_j) = \ln tf(t_{jm}, sd_j) \cdot \ln \frac{N}{n_i}$$

③ $P(\boldsymbol{a}_j) = \dfrac{1}{2^{|\boldsymbol{a}_j|}}$，其中 $|\boldsymbol{a}_j|$ 表示 $\boldsymbol{a}_j$ 的变量个数。

综上，可得

$$P(Q_i \mid D) = \eta \times \frac{C^{k_i}}{C^{k_U}} \times \prod_{j=1}^{3}(1 - \prod_{m=1}^{m_j}1 - \cos(c_{jm}, \boldsymbol{a}_j))$$

$$\times (1 - \prod_{m=1}^{n_j}1 - \cos(t_{jm}, \boldsymbol{a}_j)) \times \frac{1}{2^{|a_j|}} \tag{9-4}$$

令 $\alpha = \eta \times \prod_{j=1}^{4}\frac{1}{2^{|a_j|}}$ ，式(9-4)简写为

$$P(Q_i \mid D) = a\frac{C^{k_i}}{C^{k_U}} \times \prod_{j=1}^{3}(1 - \prod_{m=1}^{m_j}1 - \cos(c_{jm}, \boldsymbol{a}_j))$$

$$\times (1 - \prod_{m=1}^{n_j}1 - \cos(t_{jm}, \boldsymbol{a}_j)) \tag{9-5}$$

其中，n_j 是第 j 个结构单元的可能取值个数；m_j 是 Q_{ji} 的取值个数。

通过计算各结构化查询的概率，选择概率前 3 个的结构化查询提交执行(实验表明前 3 个最能代表用户的需求)。查询得到的文档可以按照目前多个文档排序模型来处理。

9.3　基于术语共现关系扩展的 SID 模型

简单影响图(SID)模型和基于上下文的影响图(CID)模型是 de Campos 等 2004 年提出的两种基于影响图的结构化文档检索模型。二者的不同在于 SID 模型只考虑了从随机节点 U_{ij} 和决策节点 R_{ij} 指向效用节点 V_{ij} 的弧，而 CID 模型除考虑 SID 模型包含的弧外还引入了一些新弧来考虑上下文信息。特别地，加入了由 $U_{z(i,j)j-1}$（包含 U_{ij} 的唯一的结构单元）指向 $V_{ij} \; \forall j = 2, \cdots, l, \forall i = 1, \cdots, |L_j|$ 的弧。这些弧意味着是否检索结构单元 U_{ij} 的决策效用还依赖于包含它的结构单元的相关性。

本书只考虑利用术语之间共现关系对 SID 模型的扩展问题。术语共现关系的挖掘方法见 5.1 节。

9.3.1　扩展 SID 模型的拓扑结构

扩展的 SID 模型[155,156]的拓扑结构如图 9.5 所示。

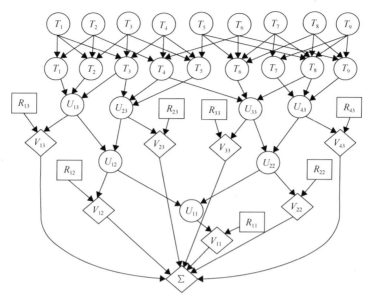

图 9.5　扩展的 SID 模型

1) 扩展模型中的节点

扩展模型中复制术语集合 T 中的每个术语 T_j 来获得另一个术语 T_j'，从而形成一个新的术语层 T'，$T' = \{T_1', \cdots, T_k'\}$，因此图中的节点包括以下三类。

(1) 随机节点。模型包含三种类型的随机节点：结构单元节点 U_{ij}、术语节点 T_j 和术语节点 T_j'。每个节点对应一个二元随机变量：U_{ij} 在集合 $\{u_{ij}^+, u_{ij}^-\}$ 中取值，分别表示结构单元相关和不相关；$T_j(T_j')$ 的取值集合为 $\{t_j^+, t_j^-\}$（$\{t_j'^+, t_j'^-\}$），分别表示术语 $T_j(T_j')$ 相关和不相关。

(2) 决策节点。对于每个结构单元节点 U_{ij}，都有一个决策节点 R_{ij} 与之对应。节点 R_{ij} 表示是否检索相应结构单元的决策。R_{ij} 的取值集合为 $\{r_{ij}^+, r_{ij}^-\}$，分别表示"检索 U_{ij}"和"不检索 U_{ij}"。

(3) 效用节点。对于每个结构单元 U_{ij}，都有一个效用节点 V_{ij} 与之对应。V_{ij} 用来衡量相应决策的效用值。假设所有的效用值取值在 [0, 1]，因为效用区间的改变对于影响图的估计没有影响。另外，和 SID 模型一样，利用效用节点 Σ 表示整个模型的联合效用。

2) 扩展模型中的弧

扩展模型中包括两类不同类型的弧。

(1) 随机节点之间的弧。术语节点 T_i' 到术语节点 T_j 有弧，$T_i' \in Rn(T_j)$ 表示 T_i' 是 T_j 的相关术语。$Rn(T_j)$ 表示与 T_j 最相关 n 个术语的集合。术语节点 T_j 到结构单元节点 U_{ij} 有弧表示 T_j 是 U_{ij} 由的索引术语。结构单元节点之间的弧表示结构单元之间的包含关系。

（2）指向效用节点的弧。模型中存在决策节点 R_{ij} 和随机节点 U_{ij} 指向效用节点 V_{ij} 的弧，分别表示决策节点 R_{ij} 和随机节点 U_{ij} 直接影响 V_{ij} 的效用值。

另外效用函数还受到查询的影响。因为查询是独立于模型的，所以查询节点没有出现在模型中，因此，从查询指向效用节点的弧也没有在模型中出现。

9.3.2　术语间关系的学习

本书采用共现分析法来挖掘 SID 模型中术语间的关系，即采用式(5-4)和式(5-5)来计算术语之间的相关关系。

在结构化文档检索中，需要为每个术语都预先统计出其在结构化文档任意结构单元中出现的频率信息，并保存在索引结构中。因为这样做一方面会占用大量的处理时间，另一方面也会使索引结构变得过于庞大，这里介绍一种新的计算 tf 值的方法，只统计第 l 层结构单元术语出现的频率，其他层结构单元中术语的出现频率通过对其包含结构单元中的术语频率进行汇总计算而得到。

设 $tf_{ik,mn}$ 表示术语 T_i 在文档 D_k 的结构单元 mn 中出现的次数。则术语 T_i 在文档 D_k 中出现的次数可按式(9-6)计算如下：

$$tf_{ik} = \sum_{\forall U_{sl} \subset D_k} tf_{ik,sl} \tag{9-6}$$

同理，术语 T_i 和术语 T_j 在文档 D_k 中共同出现的次数为

$$tf_{ijk} = \sum_{\forall U_{sl} \subset D_k} tf_{ijk,sl} \tag{9-7}$$

其中，$tf_{ijk,sl}$ 表示术语 T_i 和术语 T_j 共同出现在结构单元 U_{sl} 中次数。

对索引术语集合中的每个术语 T_j，都可以计算出与其他术语 T_i 的相关系数。相关系数在前 n 位的 n 个术语组成集合 $Rn(T_j)$，即为与术语 T_j 最相关的术语集合。

9.3.3　扩展模型的概率估计

1. 随机节点的概率估计

图中每个随机节点 X，对于 X 的父节点集合 $Pa(X)$ 的任意配置 $pa(X)$，需要估计一组条件概率 $P(x|pa(X))$。

1) 术语节点的概率估计

第一层的术语节点 T_i' 没有父节点，即 $Pa(T_i')=\varnothing$，因此，$P(t_i'^+ \mid pa(T_i')) = P(t_i'^+)$，可计算如下：

$$P(t_i'^+) = 1/k \tag{9-8}$$

其中，k 为集合中的术语总数。

第二层的术语节点 $(T_j \in T)$，必须存储条件概率 $P(t_j^+ \mid pa(T_j))$，可使用文献[39]中的概率函数估计，即

$$P(t_j^+ \mid pa(T_j)) = \sum_{T_i' \in Pa(T_j),\, t_i'^+ \in pa(T_j)} W_{ij} \tag{9-9}$$

其中，权重 W_{ij} 衡量了术语 $T_i'(T_i' \in Pa(T_j))$ 对术语 T_j 的影响程度，满足 $W_{ij} \geqslant 0$。W_{ij} 计算公式如下：

$$W_{ij} = \begin{cases} \alpha, & T_i' \in Pa(T_j),\ i=j \\ \dfrac{(1-\alpha)strength(T_j,T_i)}{\displaystyle\sum_{T_i' \in Pa(T_j),\, i \neq j} strength(T_j,T_i)}, & \forall T_i' \in Pa(T_j),\ i \neq j \end{cases} \tag{9-10}$$

其中，α 为参数，满足 $0 < \alpha < 1$，用来控制术语间关系对于术语 T_j 最终相关度的贡献程度。

2) 结构单元的概率估计

对于结构单元节点 U_j，需要估计条件概率 $P(u_{il}^+ \mid pa(U_{il}))$ 和 $P(u_{ij}^+ \mid pa(U_{ij}))$，$j \neq l$。同样使用概率函数计算。

对于结构单元 U_{il}，其相关条件概率受其索引术语的影响，于是：

$$P(u_{il}^+ \mid pa(U_{il})) = \sum_{T_j \in Pa(U_{il}),\, t_j^+ \in pa(U_{il})} W(T_j, U_{il}) \tag{9-11}$$

其中，权重 $W(T_j, U_{il})$ 衡量了术语 T_j 对于结构单元 U_{il} 的影响程度，满足 $W(T_j, U_{il}) \geqslant 0$。$W(T_j, U_{il})$ 可采用公式 (9-12) 计算如下：

$$W(T_j, U_{il}) = tf_{j,il} \times idf_j \Big/ \sum_{T_h \in Pa(U_{il})} tf_{h,il} \times idf_h \tag{9-12}$$

其中，$tf_{j,il}$ 表示术语 T_j 在结构单元 il 中出现的次数。

对于结构单元 $U_{ij}(j \neq l)$，其相关条件概率受组成其结构单元的影响。

$$P(u_{il}^+ \mid pa(U_{il})) = \sum_{U_{h,j+1} \in Pa(U_{ij}), t_{h,j+1}^+ \in pa(U_{ij})} W(U_{h,j+1}, U_{ij}) \qquad (9\text{-}13)$$

其中，$W(U_{h,j+1}, U_{ij})$ 衡量了结构单元 $U_{h,j+1}$ 对 U_{ij} 的重要程度，满足 $W(U_{h,j+1}, U_{ij}) \geqslant 0$。

在定义权重 $W(U_{h,j+1}, U_{ij})$ 以前，给出一个新的符号表示：对任意结构单元 U_{ij}，令 $A(U_{ij}) = \{T_k \in T \mid T_k$ 为 U_{ij} 的祖先节点$\}$，也就是说 $A(U_{ij})$ 是结构单元 U_{ij} 中包含的术语集合。这也意味着第 $j \neq l$ 层的结构单元 U_{ij} 包含的第 l 层结构单元 U_{il} 中的术语全部属于 U_{ij}。这样 $W(U_{h,j+1}, U_{ij})$ 权重可以按式 (9-14) 来定义。

$$W(U_{h,j+1}, U_{ij}) = \sum_{T_k \in A(U_{h,j+1})} tf_{k(h,j+1)} \times idf_k \left/ \sum_{T_k \in A(U_{ij})} tf_{k,ij} \times idf_k \right. \qquad (9\text{-}14)$$

2. 效用节点的效用值

对于每个节点 V_{ij}，需要估计出一个数值用来表示决策节点 R_{ij} 和结构单元节点 U_{ij} 随机组合情况下相应的效用。这些效用值估计的指导方针为：对于给定的结构单元 U_{ij}，最好的情况是把相关的结构单元检索出来，最坏的情况是相关的检索单元没有检索到，所以可以设定 $v(r_{ij}^+ \mid u_{ij}^+) = 1$，$v(r_{ij}^- \mid u_{ij}^-) = 0$。假如 U_{ij} 不相关，很明显不显示它要好于显示它。这样 $v(r_{ij}^- \mid u_{ij}^-) \geqslant v(r_{ij}^+ \mid u_{ij}^-)$。因此这些效用的一个完整的排序为

$$1 = v(r_{ij}^+ \mid u_{ij}^+) \geqslant (r_{ij}^- \mid u_{ij}^-) \geqslant (r_{ij}^+ \mid u_{ij}^-) \geqslant (r_{ij}^- \mid u_{ij}^+) = 0 \qquad (9\text{-}15)$$

也就是说，结构单元相关且决策检索的效用最高，不相关且不检索的效用次之，相关但没被检索的效用再次之，效用最低的是不相关单元被决策检索。

效用值估计的方法可以有两种。

(1) 简化估计方法。简化估计效用值的方法假设这些值不依赖于特定的结构单元，即

$$v(r_{ij} \mid u_{ij}) = v(r_{i'j'} \mid u_{i'j'}), \quad \forall i, i', j, j', \text{且取值范围均为} [1, l] \qquad (9\text{-}16)$$

(2) 考虑查询 Q 对效用值的影响

这时每个效用节点的效用值定义如下：

$$v'(r_{ij} \mid u_{ij}) = v(r_{ij} \mid u_{ij}) \times \mathit{Mfactor}(U_{ij}) \tag{9-17}$$

$\mathit{Mfactor}(U_{ij})$ 表示查询 Q 对效用值的影响，可按式(9-18)计算如下：

$$\mathit{Mfactor}(U_{ij}) = \sum_{T_k \in A(U_{ij} \cap Q')} tf_{k,\,ij} \Big/ \sum_{T_k \in Q'} tf_{k,\,*} \tag{9-18}$$

其中，Q' 表示 T 中的一组术语集合，这些术语的父节点在 T' 中，并且属于查询 Q；$tf_{k,\,*}$ 表示术语 T_k 在整个文档集合中出现的频率。很容易理解一个结构单元如果包含的术语更多出现在查询中则对用户就更有用。

9.3.4　推理与检索

1. 模型推理

模型中每个结构节点 U_{ij} 的期望效用可以计算如下：

$$EU(r_{ij}^+ \mid Q) = \sum_{u_{ij} \in \{u_{ij}^+,\, u_{ij}^-\}} v'(r_{ij}^+ \mid u_{ij})\ P(u_{ij} \mid Q) \tag{9-19}$$

$$EU(r_{ij}^- \mid Q) = \sum_{u_{ij} \in \{u_{ij}^+,\, u_{ij}^-\}} v'(r_{ij}^- \mid u_{ij})\ P(u_{ij} \mid Q) \tag{9-20}$$

在计算上面的期望效用之前，要计算条件概率 $P(u_{ij} \mid Q)$。尽管有不同的算法可以进行有效的传播用于计算这些概率，但考虑到在结构化文档检索领域存在大量的变量，通常意义的推理算法是非常耗时的，因此我们采用文献[20]提出的推理算法。该算法曾用于非结构化文档贝叶斯网络检索模型，也曾用于结构化文档检索。

第一步：使用式(9-21)估计术语节点 $T_j (T_j \in T)$ 的相关后验概率 $P(t_j^+ \mid Q)$，即

$$P(t_j^+ \mid Q) = \sum_{T_i' \in Pa(T_j)} W_{ij}\, P(t_i'^+ \mid Q) \tag{9-21}$$

当 $T_i' \in Q$ 时，$P(t_i'^+ \mid Q) = 1$，否则 $P(t_i'^+ \mid Q) = \dfrac{1}{k}$，因此式(9-21)可改写为

$$P(t_j^+ \mid Q) = \sum_{T_i' \in Pa(T_j) \cap Q} W_{ij} + \frac{1}{k} \sum_{T_i' \in Pa(T_j) \backslash Q} W_{ij} \tag{9-22}$$

第二步：利用上一步的结果计算第 l 层结构单元的相关后验概率。

$$P(u_{il}^+ | Q) = \sum_{T_j \in Pa(U_{il})} W(T_j, U_{il}) P(t_j^+ | Q) \tag{9-23}$$

最后第 $j(j \neq l)$ 层的结构单元的相关后验概率计算如下：

$$P(u_{ij}^+ | Q) = \sum_{U_{h,j+1} \in Pa(U_{ij})} W(U_{h,j+1}, U_{ij}) P(u_{h,j+1}^+ | Q) \tag{9-24}$$

条件概率 $P(u_{ij}^- | Q)$ 可通过 $P(u_{ij}^- | Q) = 1 - P(u_{ij}^+ | Q)$ 得到。因此所有需要的条件概率可以从第 l 层到第 1 层逐层进行计算。

2. 作决策

在典型的决策问题中，将选择具有最大效用的决策，而在信息检索领域只作类似于"当 $EU(r_{ij}^+ | Q) \geqslant EU(r_{ij}^- | Q)$ 时，检索结构单元 U_{ij}，否则不检索该单元"的决策是不够的。检索系统需要根据相关结构单元对于用户查询的相关程度对其降序排列，最终呈现给用户。所以需要根据相应的期望效用 $EU(r_{ij}^+ | Q)$ 值对结构单元进行排序，并将期望效用排在前面的结构单元呈现给用户。

9.4　基于术语关系扩展的 BN-SD 模型简介

利用 9.3 节提出的扩展方法，赵爽和陈富节等人研究了对基于贝叶斯网络的结构化文档检索模型 BN-SD 模型的扩展问题[157,158]，其中赵爽的研究利用了共现分析法挖掘术语之间的关系，陈富节的研究利用了术语间的同义关系。由于贝叶斯网络信息检索模型的推理过程基本是一致的，所以这里不再做详细介绍。

拓扑结构如图 9.6 所示。

扩展 BNSD 模型的概率估计如下。

(1) 对于叶节点，相关概率为：$p(t_i'^+) = \dfrac{1}{M}$　不相关概率为：$p(t_i'^-) = 1 - p(t_i'^+) = 1 - \dfrac{1}{M}$。

(2) 对于第二层术语节点 T_j，其在父节点条件下的概率为：$P(t_i | pa(T_i)) = \displaystyle\sum_{T_j' \in Pa(T_i), t_j' \in pa(T_i)} v_{ij}$。$V_{ij}$ 计算方法可参考式 (9-10)。

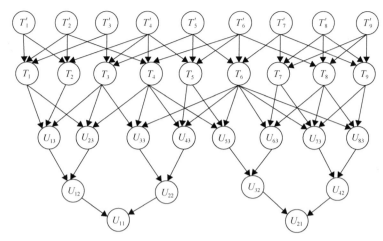

图 9.6 基于术语共现关系扩展的 BNSD 模型

(3) 对于结构单元节点 U_{il}，其相关条件概率为 $p(u_{il} \mid pa(U_{il})) = \sum_{T_k \in R(pa(U_{il}))} w_{ki}$。

(4) 结构单元节点 U_{ij} 的相关条件概率为 $p(u_{ij} \mid pa(U_{ij})) = \sum_{U_{hj+1} \in R(pa(U_{ij}))} p_{hi}^{j}$。

推理过程也类似于 4.2.5 节和 8.2.3 节所述内容，只是由于增加了一层术语节点，需要首先实例化 T' 层，然后计算 $P(t_i \mid Q)$，最后的排序按后验概率 $p(u_{ij}^{+} \mid Q)$ 进行。

文献[157]和[158]对提出的改进 BNSD 模型的能行了验证分析，其实验数据为从中国优秀博硕学位论文全文数据库中下载的博硕论文，经过预处理得到索引术语和结构单元。实验结果表示，模型性能有所提高。

文献[157]的实验发现，在计算后验条件概率过程中只使用相关条件概率排序存在一定的不足：对于给定的查询 Q，当 Q 中包含少量几个术语时，一些包含较少术语的结构单元，其相关条件概率往往大于那些包含较多术语的相关单元。这是由于模型中的结构单元 U_{is} 的相关概率是根据 U_{is} 和 Q 中包含的相同术语的数目定义的，而且在公式中使用的权重是根据 U_{is} 中的术语数目来标准化的，相关概率的计算没有考虑属于查询 Q 而不属于 U_{is} 的术语数目。在这种情况下，一个带有很少的术语但其中大部分出现在 Q 中的结构单元，比那些和 Q 有更多相同术语但也有不相同术语的结构单元更相关。为此，需要提出修正办法，修正公式如式(9-25)和式(9-26)所示。

$$p(u_{il}^+ \mid Q) = \begin{cases} \left[B + \dfrac{1}{k}(1-B') \right] \times \beta\left(\dfrac{n_{uil}}{n_Q} \right), & n_{uil} \neq 0 \\[3mm] \left[B + \dfrac{1}{k}(1-B') \right] \times (1-\beta), & n_{uil} = 0 \end{cases} \tag{9-25}$$

$$p(u_{ij}^+ \mid Q) = \begin{cases} \left[C + \dfrac{1}{k}(1-C') \right] \times \beta\left(\dfrac{n_{uij}}{n_Q} \right), & n_{uij} \neq 0 \\[3mm] \left[C + \dfrac{1}{k}(1-C) \right] \times (1-\beta), & n_{uij} = 0 \end{cases} \tag{9-26}$$

其中，n_Q 表示查询 Q 中出现的术语个数；n_{uil} 和 n_{uij} 分别表示在结构单元 U_{il} 和 U_{ij} 中出现的查询中的术语的个数，满足 $n_{uil} \leqslant n_Q$，$n_{uij} \leqslant n_Q$。$n_{uil} = 0$ 和 $n_{uij} = 0$ 出现的情况是结构单元 U_{il} 和 U_{ij} 中包含和查询术语相关的术语，而并不包含查询术语本身。β 为参数，用于控制修正程度。

$$B = \sum_{T_j} w(T_j, U_{il}) p(t_j^+ \mid Q), \quad B' = \sum_{T_j} w(T_j, U_{il}),$$

其中，T_j 为 U_{il} 的父节点，并且 T_j 的父节点属于 Q。

$$C = \sum_{U_{h,j+1} \in Q_{ij}} w(U_{h,j+1}, U_{ij}) p(u_{h,j+1}^+ \mid Q), \quad C' = \sum_{U_{h,j+1} \in Q_{ij}} w(U_{h,j+1}, U_{ij}),$$

$$Q_{ij} = \{ U_{h,j+1} \in Pa(U_{ij}) \mid Pa(A(U_{h,j+1})) \cap Q \neq \varnothing \}$$

9.5　本章小结

随着互联网上结构化文档越来越多，结构化文档检索逐步成为信息检索领域的研究热点。由于贝叶斯网络的诸多优点，近年来开始在结构化文档检索方面得到应用。影像图是一种广义的贝叶斯网络，它在贝叶斯网络的基础上添加了决策节点和效用节点，给出了一种决策问题的可视化表示方法。

本章在介绍相关知识的基础上，首先提出了一种用于 XML 文档的贝叶斯网络检索模型，然后给出一种基于术语间共现关系扩展的 SID 模型，给出了模型拓扑结构、定量信息估计以及推理与信息检索方法，最后简要介绍了利用术语关系对基于贝叶斯网络的结构化文档检索模型的扩展方法。

第 10 章　词语关系在信息检索其他方面的应用

文本特征词提取是信息检索领域的一个基本问题，是文本检索、文本自动分类等工作的基础。文本特征词提取就是根据不同的评估方法来提取出那些能够代表文本特征的词语，形成一个文本特征向量组来表示有关文档。查询扩展是指利用计算机语言学、信息学等多种技术，把与初始查询相关的词语添加进来，形成一个新的查询，然后进行二次查询，以提高查全率和查准率，是一种有效解决自然语言模糊性和歧义性的方法。文档相似度是衡量两个或多个文档之间匹配的一种度量，是信息检索领域的重要研究分支，已经广泛应用于文本查重、Web 检索等多个方面。

本章主要探讨如何利用术语关系对上述有关方法进行改进，提高其效果。

10.1　利用词语之间关系改进文本特征提取方法

文本特征提取就是从文本中抽取出特征词并进行量化，并用来描述和代替文本本身的过程，是文本挖掘、文本分类、信息检索的一个基本问题。通过文本特征提取，可以将文本从一个无结构的原始状态转化为结构化的，计算机可以识别处理的信息表示，从而达到对文本进行科学的抽象，建立数学模型，便于计算机计算和操作的目的。

10.1.1　文本特征提取的概念和常见方法

1. 文本特征提取的概念和基本过程

文本特征提取的首要问题是确定文本表示的基本单位，通常称为特征项。尽管近年来研究者提出了诸如语境框架法[159]、概念法[160]等多种新的文本特征表示方法，但是最常用的还是词汇表示法。在英文文本中用单词作为文本的特征项，在中文文本中用字、词或者词组，主要还是采用词作为文本的特征表示。

文本特征提取的基本过程如图 10.1 所示。

图 10.1　文本特征提取的基本过程

1）文本预处理

文本预处理一般包括词汇分析、去除停用词、词干提取、关键词选择、建立同义词典 5 个步骤。

词汇分析主要目的是识别出文本中的单词。在英文文本中，词汇分析是将字符流转化为单词流的过程，在中文文本中，词汇分析就是分词的过程。常用的中文分词算法包括基于词典的分词方法、基于理解的分词方法、基于统计的分词方法、基于语义的分词方法 4 种。

去除停用词目的是去除掉那些存在文本句子中没有实际的意义，或者对文本的分类和信息检索帮助不大，甚至会影响分类和检索精确度的词。如一些虚词"非常""是""什么""很""哎呀"等。语料库的来源和所属领域不同，停用词也会有所差别。

词干提取主要指去除英文单词的前缀、后缀，只留下词干部分。

在自然语言中，句子通常包含名词、代词、动词、形容词、副词、连词等。如果采用全文表示，则文本中的所有词都是索引项。大多数情况下，需要去除形容词、副词、连词等词语，选用名词、动词，或者词组来表示文本，这个过程就是关键词选择。

同义词典可以使词汇表归一化，目的之一是为索引和检索提供一个标准词汇表。

2）特征选择

在一篇文本中，通过文本预处理得到的索引项不会是同等重要的。例如在一个含有 10 万篇文档的集合中，假如词语 t 出现在了每一篇文档中，显然 t 无法标识任何一篇文档。为了表征索引项的重要性，需要赋予每一个索引项一个权重，只有那些权重高的索引项才可能成为特征词。特征选择就是筛选出那些具有较高权重的索引项，用他们来表示文本的过程。

3）向量优化

由于每一个特征词都是向量空间的一维，每个文本都对应空间的一个向量，从而造成特征向量空间的高维稀疏问题，另外文本数据的同义词、多义词又会造成选定的特征词并不能准确表达文本的主体。向量优化主要就是采用一定的技术手段解决上述不足，主要包括两个方面，其一是有效降维，其二是调整特征词及其权重。

2. 基于评估函数的特征提取方法

研究者提出过许多索引项权重的计算方法，主要包括基于评估函数的方法、基于特征相关性的方法、基于遗传算法的方法、基于语义理解的方法等，但最为基本的仍然是基于评估函数的方法[161]。

基于评估函数的特征提取方法建立在特征独立的假设基础上，通过构造评估函数对特征集合中的每个特征项进行独立评估，将打分作为其权重。然后提取预定数目的，权重最大的特征项作为特征子集。常用的评估函数除 TF-IDF 外，还包括文档频数、信息增益、期望交叉熵、互信息、χ^2 统计等：

文档频数（Document Frequency）：指训练语料库中出现某一特征项的文本数。当语料库的文本特征向量维度非常大时，为了提高算法的效率和效果，需要去除那些相对不重要的一些特征项，只选取文档频数大于某个阈值的特征项作为文本的特征向量。

信息增益（Information Gain）：信息增益是信息论中的一个重要概念，是一种基于熵的评估方法，定义为考虑某一特征项在文本中出现前后的信息熵之差。常用的信息增益公式为

$$IG(k_i, C) = H(C) - H(C \mid k_i) - H(C \mid \bar{k}_i) \tag{10-1}$$

其中，$H(C)$ 为类别 C 的熵；$H(C \mid k_i)$ 和 $H(C \mid \bar{k}_i)$ 为特征项 k_i 出现和不出现情况下的条件熵。从信息论角度来讲，$IG(k_i, C)$ 用于度量在知道 k_i 信息后，所增加的 C 的信息量。

期望交叉熵（Expected Cross Entropy）：期望交叉熵与信息增益类似，也是一种基于概率的方法，但是不同于信息增益对特征项的计算，期望交叉熵只计算出现在文本中的特征项，因此，其特征选择效果优于信息增益。常见的计算公式为

$$ECE(w) = p(w) \sum_{i=1}^{|c|} p(c_i \mid w) \log_2 \frac{p(c_i \mid w)}{p(c_i)} \tag{10-2}$$

其中，$p(w)$ 表示特征 w 在文本中出现的概率；$p(c_i)$ 表示 c_i 类文本在文本集中出现的概率；$p(c_i \mid w)$ 表示文本包含特征 w 时属于类别 c_i 的概率；$|c|$ 表示类别总数。如果特征 w 和类别 c_i 强相关，即 $p(c_i \mid w)$ 大，并且相应的 $p(c_i)$ 又比较小，则说明特征 w 对分类的影响大，相应的期望交叉熵值也较大，特征在特征子集中的排名就会比较靠前。

互信息(Mutual Information)：互信息(Mutual Information)是信息论里一种有用的信息度量，它是指两个事件集合之间的相关性。特征项和类别的互信息体现了特征项和类别的相关程度。

$$MI(w,c) = \sum p(c_i) \log_2 \frac{p(w|c_i)}{p(w)p(c_i)} \tag{10-3}$$

其中，$p(w|c_i)$ 定义为 w 和 c_i 的同现概率；$p(w)$ 定义为 w 出现的概率；$p(c_i)$ 定义为 c_i 类值的出现概率。

3. 传统的 TF-IDF 方法及其不足

传统的 TF-IDF 方法最早由 Sparck Jones、Salton 和 Yang 提出，它以 TF×IDF 作为词语权重。

假设 N 为文档集合中的总的文档数，n_i 表示出现索引术语 k_i 的文档数，tf_{ij} 为术语 k_i 在文档 d_j 中出现的次数。则术语 k_i 在文档 d_j 中的规格化频率 f_{ij} 定义为

$$f_{ij} = \frac{tf_{ij}}{\max_l tf_{lj}} \tag{10-4}$$

该值是通过计算文档 d_j 中出现的所有术语来获得的。如果术语 k_i 在文档 d_j 中没有出现，则 $f_{ij}=0$。

术语 k_i 的倒排文档频率 idf_i 定义为

$$idf_i = \log_2 \frac{N}{n_i} \tag{10-5}$$

术语 k_i 相对于文档 d_j 的权重定义为

$$w_{ij} = f_{ij} \times idf_i \tag{10-6}$$

这种术语权重的算法称为 TF-IDF 算法。

常用的 TF-IDF 公式如下：

$$w_{ij} = \frac{tf_{ij} \times \log_2(N/n_i + a)}{\sqrt{\sum_{k_i \in d_j} \left[tf_{ij} \times \log_2(N/n_i + a) \right]^2}} \tag{10-7}$$

其中，a 取 0.01。

TF-IDF 方法是一种有效的特征提取方法，但仍存在以下的缺点：

(1)建立在特征项之间相互独立的基础上，没有考虑词语之间的联系。

汉语中文字表达灵活，一个词语往往还有很多词可以表达。同义词虽然丰富了文章的表达，但对基于统计词频的特征词提取方法来说无疑是降低了特征词的权重。吕震宇等对同义词进行了合并，采用词频与相对熵的剩余度的组合 TF*Ensu 对特征词进行加权，但它只是将同义词看成同一个词，没有考虑同义词之间的差别[162]。

(2)没有考虑特征项在类间的分布情况。例如，如果某一类 C_i 中包含词条 k 的文档数为 m，而其他类包含 k 的文档总数为 m_1，显然所有包含 k 的文档数 $n = m + m_1$，当 m 大的时候，n 也大，按照 IDF 公式得到的 IDF 的值会小，说明该词条 k 类别区分能力不强。但是实际上，k 可以很好地用来区分类 C_i。

(3)没有考虑特征项的位置信息，特征项出现的位置不同，其权重也应该是不一样的。例如，一个出现在标题中的词比一个出现在文章其他位置的词理论上应该更能代表一个文章的主题。

10.1.2　利用词语关系对 TF-IDF 方法改进

针对传统 TF-IDF 方法没有考虑词语间关系的不足，可以利用量化词语关系对其进行改进。量化的词语关系可以利用词语相似度[163]，也可以利用基于本体的词语关联度[164]。由于两种方法基本过程一致，这里以利用同义词关系改进为例予以介绍。

1)候选特征词的确定

文本里的词语经过权重计算和特征选择，只有一部分能作为特征词来表示文本，还有大量的词语是跟文本主题无关的。有些跟文本主题无关的词语即使调整了权重也很难作为特征词提取出来，因此将经过权重调整有可能成为特征词的词语提取出来作为候选特征，从而达到降低计算量的目的。

选择候选特征词的具体步骤如下：

(1)对文本 d 进行分词处理，得到词语集合 $V_d = \{k_i \mid i = 1, 2, \cdots, m\}$，再利用传统的 TF-IDF 方法计算每个词语的权重，得到权重集合 $W_d = \{w_i \mid i = 1, 2, \cdots, m\}$，其中 w_i 为 k_i 的权重。

(2)对词语集合 V_d 中每个词语的权重降序排列，选取前 n 个，或者权重大于规定阈值的词语作为候选特征词集合 $V_{dk} = \{k_i \mid i = 1, 2, \cdots, n\}$，对应的权重集合为 $W_{dk} = \{w_i \mid i = 1, 2, \cdots, n\}$。非候选特征词集合是候选特征词集合

V_{dk} 在词语集合 V_d 中的补集，表示为 $\overline{V_{dk}}$ ，对应的权重集合为 $\overline{W_{dk}}$ 。

2) 候选特征词的特征相关词

一个文本中的不同词语之间不是完全孤立的，那些与候选特征词存在语义联系，可以影响特征词权重的词语，称为候选特征词的特征相关词。利用词语间同义关系来确定特征相关词的过程如下。

(1) 对候选特征词集合中的每一个词语 k_i，都可以利用《同义词词林(扩展版)》查找到其同义词，并计算出它们之间的相似度；

(2) 那些既属于集合 V_d ，又是 k_i 同义词得词语构成集合 $Sk_i = \{sk_{i1},$ $sk_{i2}, \cdots, sk_{il}\}$ ，即为 k_i 的特征相关词。

3) 特征词的确定

(1) 权重的修正。

对于候选特征词集合 $V_{dk} = \{k_i \mid i = 1, 2, \cdots, n\}$ 中的每一个词语 k_i，其新的权重计算过程如下。

如果候选特征词 k_i 没有特征相关词，则其权重不变，仍为 w_i。

对于候选特征词 k_i 的每一个特征相关词 sk_{ij} ，k_i 的权重都按式(10-8)调整。同时，如果 sk_{ij} 在 V_{dk} 中，则在 V_{dk} 中予以删除，因为它的权重已经体现在 k_i 的权重中；如果在 $\overline{V_{dk}}$ 中，则可以不删除。

$$w_i = w_i + w_{ij} * Sim(k_i + sk_{ij}) \tag{10-8}$$

(2) 特征词权重归一化。

由于特征词权重的取值范围为[0,1]，因此需要对 k_i 调整后的权重 w_i^* 进行归一化处理，归一化公式为

$$w_i' = w_i^* / w_{\max}^* \tag{10-9}$$

其中，$w_{\max}^*$ 为调整后候选特征词权重集合中最大的权重，w_i^* 为候选特征词的最终权重。

(3) 特征词的最终确定。

计算完所有词语的权重后，找出前 N 个权重最大的词语作为文本的特征词。

4) 改进方法的效果

(1) 评价方法与评价标准。

特征词提取是文本分类的前序工作，文本分类的准确性一定程度上反应了特征词提取的准确性，所以比较特征词提取方法改进前后的文档分类效果，就可以达到比较提取方法优劣的目的。故此，"基于量化同义词关系

的改进特征词提取方法"采用了常用的 KNN 分类法和国际上通用的查全率(Recall)、查准率(Precision)和 F-measure 标准，来检验改进 TF-IDF 方法的效果。

K-最邻近(K-Nearest Neighbor，KNN)法是一种常用的分类方法，该方法的基本思想是通过计算测试集中的一篇待分类文本与训练集中的文本之间的相似度，来寻找在训练集中与该待分类文本最相似的 k 个训练文本，然后再根据这 k 个训练文本所属的类别信息和文本相似度计算待分类文本所属类别的分值，分值最大的类别就是待分类文本所属的类别。其中 k 的取值是该方法的关键，但目前并没有较好的方法确定 k 的取值，一般根据经验设定一组数值，再通过实验效果来确定。

类似于信息检索中的定义，查全率定义为判断正确的属于某类的文档数与实际所有属于该类文档数的比值。查准率定义为判断正确的属于某类的文档数与所有判断为此类文档数的比值。

$$R_i = \frac{N_{ci}}{N_{ci} + F_{ci}} \tag{10-10}$$

$$P_i = \frac{N_{ci}}{N_{ci} + P_{ci}} \tag{10-11}$$

F-measure 是一种将查全率和查准率结合起来的评价标准。

$$F_i = \frac{2 \times R_i \times P_i}{R_i + P_i} \tag{10-12}$$

其中，N_{ci} 是分类为类 C_i 的文档数；F_{ci} 是属于 C_i 但被分类到其他类的文档数；P_{ci} 是不属于 C_i 但被错误分类到 C_i 的文档数。

从公式可以看出，只有查全率和查准率都取得较大值时 F-measure 才会最大，所以，F-measure 值的大小就可以作为判断系统性能好坏的标准。

(2)实验数据与结果。

实验采用北大标注的人民日报语料库，从语料库的 20 个类中选择了农业、艺术、经济、历史、政治和体育共 6 个类。每类中分别选取 200 篇文档，其中 100 篇为训练文档，另外 100 篇为测试文档。

KNN 分类算法中的 K 值取 16，得到两种方法分类结果比较见表 10.1。R、P、F 分别指查全率、查准率和 F-measure。

表 10.1　分类效果比较

类别	改进后的特征提取方法			传统 TF-IDF 方法		
	$R/\%$	$P/\%$	$F/\%$	$R/\%$	$P/\%$	$F/\%$
农业	79	92.9	85.34	77	91.6	83.7
艺术	88	69.8	77.9	87	69.6	77.3
经济	87	72.5	79.1	91	68.4	78.1
历史	52	81.2	63.4	41	83.6	55.0
政治	83	76.8	79.8	82	73.2	77.4
体育	86	88.7	87.3	85	87.6	86.2

从表 10.1 可以看出，用改进后的特征词提取方法提取的特征词分类效果无论在查全率、查准率还是 F-measure 从总体上来说都要优于用传统 TF-IDF 方法提取的特征词的分类效果。

10.2　基于同义词关系改进的局部共现查询扩展

在搜索引擎等实际信息检索应用中，用户提交的查询呈现出两个特点，其一是用户提交的查询词往往不尽规范，其二是用户的查询请求通常只包含很少的几个关键词。Furnas 等的实验表明，通常情况下两个人用同样关键字描述同一个物体的几率小于 20%；文继荣等对 Encarta 在线百科全书网站连续两个月的用户查询记录进行分析，发现 49%的用户查询仅有一个单词，33%的查询由两个单词组成，用户平均使用 1.4 个单词描述他们的查询[165]。查询扩展被认为是解决上述问题的有效手段之一，它以用户输入的初始查询为基础，通过一定策略加入一些与之相关的词，以提供更多有利于判断文档相关性的信息。

已有的查询扩展方法可大致分为三类：基于语义知识词典的方法、全局分析方法和局部分析方法[165]。基于语义知识词典的方法一般利用语义知识词典查找出与初始查询词具有一定语义关联的词来进行查询扩展。全局分析方法的基本思想是对语料库中的全部文档进行相关性分析，得到每对词或词组之间的关联度，当一个新的用户查询提出时，依据预先得到的词语间关系找出扩展词完成查询扩展。局部分析方法利用初次检索结果来选取扩展词，其中最具代表性的方法是局部伪相关反馈，它假定初次检索结果的前 n 篇文档是相关的，对其进行分析并找出扩展词，完成查询扩展。

10.2.1　基于局部共现和同义词关系的查询扩展方法

共现分析在信息检索领域的应用研究已经有很长时间[166,167]，在实际系统中也有所应用。Xu 等的研究表明利用词语共现信息来选取扩展词，能很好的提高检索效果[168]。

丁国栋等将共现分析运用到局部查询扩展中，提出一种"基于局部共现的查询扩展"方法，其实验效果与未进行扩展查询相比平均准确率要提高 40%以上，与传统的局部反馈和局部上下文方法相比也有更优的检索性能[169]。

局部共现查询扩展方法的基本思想为：

（1）根据初始查询 Q 在待检索语料库 C 中进行初始检索，选取检索结果的前 n 篇文档做为局部分析的文档集 S。

（2）根据一定的评估函数，计算每一个候选扩展词与初始查询 Q 在集合 S 上的关联度。其中评估函数的主要标准为候选扩展词和查询 Q 的共现程度。

（3）选取共现度最高，且在语料集中至少出现在 2 篇文档中的 k 个词语作为扩展词。

（4）调整计算扩展后每个查询词的权重，得到新的查询。

其中的评估函数综合考虑了候选扩展词与初始查询 Q 中每一个查询项的共现程度，同时也考虑了候选查询词的倒排文档频率，以及初始查询中每一个查询项的重要程度，但没有考虑初始查询词的同义词。同义词表达的是相同或相近的意思，它们表征的是一个整体的概念，在查询扩展中考虑同义词的影响，可以使检索过程不再只是简单的字面匹配，以实现一定意义上的语义检索。

10.2.2　利用同义词改进的局部共现查询扩展方法

这里介绍一种利用词语同义关系改进的"局部共现查询扩展"方法，该方法不仅考虑了候选扩展词与初始查询项本身的共现，同时考虑了与初始查询项同义词的共现情况[170]。

1）基本过程

设待检索的语料库为 C，C 中总共有 N 篇文档。C 的词典为 $V = \{w_1, w_2, \cdots, w_{|V|}\}$，其中每一个 w_i 称为词项或词，V 为候选扩展词集合。初始查询 $Q = \{q_1, q_2, \cdots, q_m\}$，$q_i$ 为初始查询项。则改进的局部共现查询扩展过程如下：

(1)利用初始查询术语实现初步查询，获得初始查询结果集 D；

(2)选取初始结果集 D 中的前 n 篇文档作为查询扩展的局部文档集合，记为 $S = \{d_1, d_2, \cdots, d_n\}$，其中每一个文档都是由一组带权重的术语表示，于是可以得到一个词语集合，作为确定初始查询项同义词的参考集，记为 $Sw = \{sw_1, sw_2, \cdots, sw_k\}$；

(3)在集合 Sw 中查找每一个初始查询术语 q_i 的同义词，得到 q_i 的同义词集合 $T_i = \{t_{i0}, \cdots, t_{ic}\}$；

(4)计算 V 中词语 w_j 与 $T_i = \{t_{i0}, \cdots, t_{ic}\}$ 的共现度，从而得到 w_j 与 q_i 的综合共现度；

(5)选取与初始查询项 q_i 综合共现度大于规定阈值的词语 w_j 作为 q_i 的扩展词；

(6)初始查询词与扩展词组成新的查询，计算新查询的查询术语权重，最终得到新的查询 Q_{new}。

2)扩展词的选取

(1)同义词的选取：考虑到词语数量和歧义的问题，在同义词词林中查找的同义词并不都合适，本文用词语相似度作为判断标准来判断其中哪些词适合做初始查询术语的同义词。

初始查询术语 q_i 的同义词选取分两步进行：

首先，借助《同义词词林》查找初始查询术语 q_i 的同义词，并检查这些词是否出现在集合 Sw 中，找出出现的词语，得到初始查询术语 q_i 的候选同义词集合 $T_i' = \{t_{i1}', \cdots, t_{ik}'\}$。

然后，设定阈值 α，计算初始查询术语 q_i 与集合 T_i' 中每一个 t_{ij}' 的词语相似度 $Sim(q_i, t_{ij}')$，相似度大于阈值 α 的视为初始查询术语 q_i 的同义词，小于阈值 α 的直接删除，从而得到集合 $T_i = \{t_{i0}, \cdots, t_{ic}\}$，$T_i$ 为最终选取的包含初始查询术语 q_i 的同义词的集合，t_{i0} 即 q_i。

(2)扩展词的选取：可以利用共现分析法选取相关扩展词。与丁国栋等提出方法不同的是，这里不仅仅要考虑词语与初始查询术语本身的共现频度，同时还考虑了词语与初始查询术语同义词的共现频度。

两个词语 w_i、w_j 在文档 d 中的共现频度可采用文献[169]给出的计算方法，公式如(10-13)。

$$coof(w_i, w_j \mid d) = \log_2(tf(w_i \mid d) + 1.0) \times \log_2(tf(w_j \mid d) + 1.0) \qquad (10\text{-}13)$$

其中，$tf(w_i \mid d)$ 为词语 w_i 在文档 d 中出现的频率，$tf(w_j \mid d)$ 为词语 w_j 在文档 d 中出现的频率。

在文档集合 S 的所有文档中，w_i、w_j 平均共现频度可按式(10-14)计算。

$$cood(w_i, w_j \mid S) = \frac{\sum_{d \in S} coof(w_i, w_j \mid d)}{n} \qquad (10\text{-}14)$$

其中，n 为文档集合 S 中文档的个数。

利用式(10-15)可以计算集合 V 中词语 w 与初始查询术语 q_i 的同义词 t_{ij} 在文档集合 S 上的平均共现频度。

$$cood(w, t_{ij} \mid S) = \frac{\sum_{d \in S} coof(w, t_{ij} \mid d)}{n} \qquad (10\text{-}15)$$

进一步，考虑词语相似度因素，词语 w 与集合 T_i 中所有词语在文档集合 S 上的综合共现频度可以按式(10-16)计算，得到词语 w 与初始查询术语 q_i 的综合共现频度。

$$Tcood(w, T_i \mid S) = \frac{\sum_{t_{ij} \in T_i} Sim(w, t_{ij}) \times cood(w, t_{ij} \mid S)}{c+1} \qquad (10\text{-}16)$$

$Sim(w, t_{ij})$ 为术语 w 与 t_{ij} 的词语相似度，$c+1$ 为 T_i 中元素的个数。式(10-16)同时考虑了 w 和初始查询 t_{i0} 的共现频度。

利用式(10-16)来选择关联词会面临以下两个问题：一是一些在文档中出现频率很高的词(如停用词)，$Tcood(w, T_i \mid S)$ 会给它一个很高的值，但是这些词并不一定都是需要的；二是在集合 T_i 中各个词之间有不同的重要性，这种重要性并没有体现出来。采用倒排文档频率对 $Tcood(w, T_i \mid S)$ 进一步整合，会起到积极的作用。

定义 10-1(词语 w 与词语 t 在文档集合 S 上的综合关联度)　设词语 t 的同义词集合为 T，词语 w 与词语 t 在文档集合 S 上的综合关联度定义为

$$Cood(w, t \mid T, S) = Tcood(w, T \mid S)^{idf(w|C)idf(t_{ij}|C)} \qquad (10\text{-}17)$$

其中，$t_{ij} \in T$，$idf(\cdot \mid C)$ 定义为

$$idf(\cdot \mid C) = \frac{\log_2(N)}{\log_2(df(\cdot \mid C) + 1.0)} \qquad (10\text{-}18)$$

$df(\cdot \mid C)$ 表示语料库 C 中出现某个词语的文档数目，N 表示 C 中的所有文档的数目。

式(10-17)可以看作是改进方法关于扩展词的评估函数。利用式(10-17)可以计算得到 V 中每一个词语 w_i 与用户查询中每一个查询术语 q_i 的综合关联度，选取其中关联度值大于规定阈值的作为查询术语 q_i 的扩展词。

(3)扩展词加权：对于新查询 Q_{new}，本文直接采用 Rocchio 公式[171]来计算其中每个查询词 t 的权重 $Weight(t\,|\,Q_{new})$：

$$Weight(t\,|\,Q_{new}) = \alpha \cdot Weight(t\,|\,Q) + \beta \cdot \frac{\sum_{d \in Sd} Weight(t\,|\,d)}{n} \qquad (10\text{-}19)$$

其中，$Weight(t\,|\,Q)$ 为查询词 t 在初始查询 Q 中的权重，通常直接使用 t 在 Q 中的频度来表示；$Weight(t\,|\,d)$ 为查询词 t 在文档 d 中的权重，其计算方法与所采用的检索模型具有一定的关系，这里采用；n 为文档集合 Sd 中的文档个数，α 和 β 为两个大于 0 的可调参数。

3)扩展词评估函数的进一步改进

丁国栋等在"一种基于局部共现查询扩展方法"中，在计算出词语 w 与每一个查询术语 q_i 在集合 S 上平均共现程度的基础上，提出词语 w 与整个初始查询 Q 关联度的概念。

定义 10-2(词语 w 与初始查询 Q 的关联度)　词语 w 与整个初始查询 Q 在局部文档集上的关联度定义为

$$cohd(w,Q\,|\,S) = \prod_{q_i \in Q} (cood(w,q_i\,|\,S) + 1.0) \qquad (10\text{-}20)$$

其中，常数 1.0 目的是避免乘积为 0 的情况。

进一步考虑词语的倒排文档频率因素，并利用对数公式可得

$$f(w,Q\,|\,C,S) = \sum_{q_i \in Q} idf(q_i\,|\,C)idf(w\,|\,C)\log_2(cood(w,q\,|\,S) + 1.0) \qquad (10\text{-}21)$$

$f(w,Q\,|\,C,S)$ 为扩展词的评估函数。

计算词语 w 与整个初始查询 Q 关联度的方法，对数的方法等也可用于对"利用同义词改进的局部共现查询方法"进一步改进，这里不再赘述。

10.2.3　实验与比较

1)实验数据

(1)测试集：实验所用测试集为 2.6 节所述的"小型中文信息检索测试集"。原测试集根据这些文本共构建了 15 个查询主题，本文选择了其中的 6 个查询主题进行实验。

(2)参数设置：选取同义词的阈值 $\alpha = 0.6$；局部文档集合 S 中文档数量和扩展词数量都会影响检索的性能。在本实验中文档集合 S 中文档数为 50，局部共现查询扩展和本文方法中的扩展词数量为 30；扩展词加权公式中未对 α 和 β 进行优化，两者取值都为 1。

2)实验结果

针对测试集中的 6 个查询主题分别进行了三组实验：未扩展的查询、局部共现查询扩展，和利用同义词改进的局部共现查询扩展方法。在实际的检索系统中，用户对检索结果是逐条进行相关性检查的，他需要的只是前几个最相关的文档，不会对所有相关的文档都感兴趣。所以本文先给定 10 个标准查全率级 $r_i(r_i = 0.1, 0.2, 0.3, 0.4, 0.5, 0.6, 0.7, 0.8, 0.9, 1.0)$，然后分别计算其所对应的查准率值。

在"小型中文信息检索测试集"上，与局部共现查询扩展的结果相比未扩展的查询提高了 8.44%，并没有原文献中提高那么多，主要是因为二者使用的语料库不同。与利用同义词改进的局部共现方法相比未扩展时平均查准率提高了 11.87%，相比局部共现查询扩展方法查准率提高了 3.43%。

10.3　基于术语同义关系的文档相似度计算

文本相似度计算作为数据挖掘的一个热点，在互联网搜索引擎、智能问答、机器翻译、信息检索和社区发现等方面有着广泛的应用[172,173]，主要包括文档之间相似度，短语和篇章之间相似度，短语和文章段落之间相似度等。传统的文档相似度计算方法都没有考虑术语之间的语义关系，因而无法实现文档之间的语义比较。

10.3.1　常用的文档相似度计算方法及其不足

传统的文档之间相似度计算方法主要包括基于向量空间模型的方法[174]、基于集合运算模型方法、基于文档结构方法和基于引文图方法等[175,176]。

1)基于向量空间的方法

基于向量空间的文档相似度计算方法类似于信息检索用向量空间方法。因为每个文档 d_j 可以表示为向量 $\boldsymbol{d}_j = (w_{1j}, w_{2j}, \cdots, w_{tj})$，因此两个文档之间的相似度可以通过两个向量之间夹角的余弦值来计算，即通过 $Sim(d_i, d_j) =$

$$\frac{\boldsymbol{d}_i \cdot \boldsymbol{d}_j}{|\boldsymbol{d}_i| \times |\boldsymbol{d}_j|} = \frac{\sum_{k=1}^{t} w_{ki} \times w_{kj}}{\sqrt{\sum_{k=1}^{t} w_{ki}^2} \times \sqrt{\sum_{k=1}^{t} w_{kj}^2}}$$ 计算得到。

基于向量空间方法的不足主要是假设特征元素之间相互独立的，没有考虑特征词之间的语义关系。

2) 基于集合运算的方法

基于集合运算的方法将每个文档看成是一组关键字的集合，文档 d_i 和 d_j 之间的相似度基于它们之间的交集计算，如 Jaccard 系数方法。

$$Sim_{\text{Jack}}(d_i, d_j) = \frac{|d_i \bigcap d_j|}{|d_i \bigcup d_j|} \qquad (10\text{-}22)$$

基于集合运算方法的不足首先是没有考虑特征词语的权重，这一点类似于信息检索的布尔模型。另外一点和基于向量空间方法类似，也没有考虑特征词之间的语义关系，文档相似度主要依赖文档特征词之间交集的大小。

3) 基于文档结构的方法

基于文档结构的方法主要用于结构化文档之间相似度的计算，这种方法首先把文档转换成树结构，然后利用树匹配方式来计算文档之间的相似度。具体来说可以包括多种不同的方法，例如，可以直接比较两个文档的结构，也可以将一个文档看做是一个领域本体树中的一个节点，然后按照计算领域本体树中两个节点之间距离的方法得到两个文档之间的距离，用这个距离表示两个文档的相似程度，等等。

基于文档结构的方法主要用于结构化文档、科研论文等特殊文本，偏重研究文档之间结构的相似程度，没有利用文档的特征词语要素，自然没有考虑文档之间的语义联系。

4) 基于引文图方法

基于引文图的方法主要用于科技文献之间的相似度比较，这种方法都基于一条假设：如果两篇论文具有共同的引文则它们是相似的。一种著名的方法称为 SimRank 模型，它由 MIT 实验室的 Glen Jeh 和 Jennifer Widom 教授在 2002 年首先提出。SimRank 相似度的核心思想为：如果两个对象被和其相似的对象所引用（即它们有相似的入邻边结构），那么这两个对象也相似。

但是，科研论文的引文常常是不断变化的，因而，两个文档的计算有时需要动态计算，另一方面文档的相似更重要的是内容的相似，单纯利用引文关系计算文档之间的相似度往往是不全面的。故有些研究者将多个文档相似度计算方法综合起来，以求获得更好的效果。

10.3.2　基于术语同义关系的文档相似度计算

在自然语言文档中，人们往往用不同的词来表达同样的意思，从而造成两篇含义相近的文档其特征词并不相同。文本文档的特征项主要是术语，术语之间的同义关系实际上隐含了文档之间的语义相似关系，因而可以利用文档特征词之间的同义关系来计算文档之间的语义相似程度[177]。同理，也可以利用特征词之间的相关关系来计算文档之间的相关关系[178]。这里以计算文档间语义相似度为例介绍有关方法。

第 5 章给出了词语相似度的概念及其计算方法，利用词语相似度的定义，可以定义一个词语和一组词语之间的相似度。

定义 10-3（词语 t 和词语组 $T = (t_1, t_2, \cdots, t_k)$ 之间的相似度）　词语 t 和词语组 $T = (t_1, t_2, \cdots, t_k)$ 之间的相似度定义为术语 t 和 T 中每一个词语之间相似度的平均和，记为

$$Sim(t, T) = \sum_{i=1}^{k} Sim(t, t_i) / k \qquad (10\text{-}23)$$

一个词语和一组词语之间的相似度表示了该词语和一组词语之间整体的语义同义关系。

进一步，利用词语 t 和词语组 $T = (t_1, t_2, \cdots, t_k)$ 相似度的概念，可以定义两组词语之间的相似度。

定义 10-4（两组词语的相似度）　两组词语 $T = (t_1, t_2, \cdots, t_m)$ 和 $T' = (t_1', t_2', \cdots, t_k')$ 的相似度定义为两个词语集合包含词语两两之间词语相似度之和，记为

$$Sim(T, T') = \sum_{i=1}^{m} Sim(t_i, T') / m = \frac{\sum_{i=1}^{m} \sum_{j=1}^{k} Sim(t_i, t_j')}{k \cdot m} \qquad (10\text{-}24)$$

文本文档是由一组特征词来标引的，这组标引词不仅表示了文档的特征，也表示了文档的语义，因此可以用这组标引词之间的语义相似程度来计算两个文档之间的语义相似程度。

但是，一篇文档的不同标引词具有不同的权重，也就是说它们对一篇文档语义表示的贡献度是不同的，文档的语义相似度计算应考虑其标引词的权重。不考虑文档标引词权重，仅仅使用两组标引词之间相似度表示的文档相似度可以称作文档的简单语义相似度。

定义 10-5（文档 d_i 和 d_j 的简单语义相似度）　假定两个文档 d_i 和 d_j 的标引词集合分别为 $d_i = (t_{i1}, t_{i2}, \cdots, t_{im})$ 和 $d_j = (t_{j1}, t_{j2}, \cdots, t_{jm})$ ，则文档 d_i 和 d_j 的简单语义相似度定义为

$$SDS(d_i, d_j) = Sim(d_i, d_j) = \sum_{l=1}^{m}\sum_{r=1}^{m} Sim(t_{il}, t_{jk}) / m^2 \qquad (10\text{-}25)$$

由文档标识知识可知，若术语 t_{ij} 和术语 $t_{ik}(j \neq k)$ 在文档 d_i 中的权重不同，其对 d_i 标引所起到的贡献也不同，在计算文本相似度时的贡献也应不同。

考虑标引词权重的两个文档语义相似度定义如下：

定义 10-6（文档 d_i 和 d_j 的语义相似度）　设两个文档 $d_i = (t_{i1}, t_{i2}, \cdots, t_{im})$ 和 $d_j = (t_{j1}, t_{j2}, \cdots, t_{jm})$ 的权重分别为 $w_i = (w_{i1}, w_{i2}, \cdots, w_{im})$ 和 $w_j = (w_{j1}, w_{j2}, \cdots, w_{jm})$ ，则文档 d_i 和 d_j 的语义相似度定义为

$$DSim(d_i, d_j) = \alpha \sum_{l=1}^{m}\sum_{k=1}^{m} Sim(t_{il}, t_{jk}) w_{il} w_{jk} / m^2 \qquad (10\text{-}26)$$

其中，α 为调节系数，以便使文档相似度在合理的范围。

10.3.3　实验及评价

1) 测试集合

测试集包括两大类文档，分别是科技文献类（A 类）和新闻报道类（B 类）。其中科技文献类包括两个子类：信息检索类和软件工程类，共 30 篇科技文献，新闻报道类包括三个子类：治安类、母婴类和航天类，共 36 篇新闻报道。每个文档取权重最大的前 50 个特征词表示。

2) 词语相似度的计算

实验采用刘群提出的算法计算词语间的相似度，并人工去除不合语义的结果，最终获得术语的同义度。

3) 实验结果

实验采用传统向量空间模型和文章提出的新方法计算 A 类文档、B 类文档和完整测试集中任意两篇文档的相似度，其中 A 类文档包括 $C_{30}^2 = 435$ 个文档对，B 类文档包括 $C_{36}^2 = 730$ 个文档对，整个测试集合包括 $C_{66}^2 = 2145$ 个文档对，然后在 10 个预设阈值下，对这两种方法在以上三个测试集合中分类的准确率进行比较。图 10.2、图 10.3 和图 10.4 分别为在三类测试集合中，两种方法在不同阈值下分类准确率的曲线图。

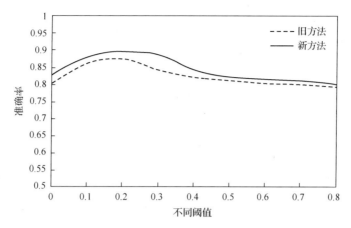

图 10.2　科技文献类性能比较

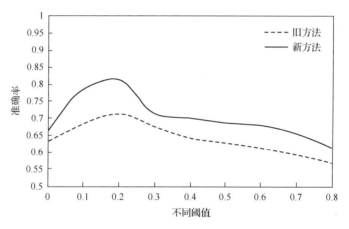

图 10.3　新闻报道类性能比较

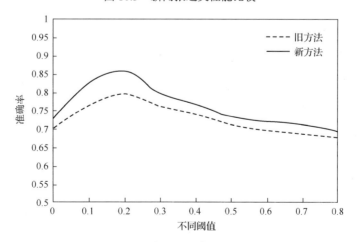

图 10.4　完整测试集性能比较

　　图 10.2 为采用 A 类文档作为测试集合时，依据传统向量空间方法和文章提出的方法对 435 对文档在不同阈值下计算分类的准确性，绘制出分类准确性曲线图。从图 10.2 可以看出，在科技文献类文档的应用环境中，新方法的性能明显优于旧方法，准确率最大可以提高 9.518%。图 10.3 为在新闻报道类测试集中，新方法和旧方法分类准确性的对比曲线，新方法的性能优于旧方法，但提高幅度低于科技文献类文档，其原因是新闻报道类文档一般比较短，出现同义词的可能性低于较长的科技文献类文档。在整个测试集合中，分别运用旧方法和新方法在不同阈值下对 2145 对文档进行分类，依据分类的准确性绘制出如图 10.4 所示的性能比较图。

　　表 10.2 为三种应用环境下，新方法分类准确性的最大提高值。

表 10.2　　不同类文档下的最大性能提高

文档类别	传统方法	新方法	性能提高
科技文献类	0.7230	0.8182	0.0952
新闻报道类	0.8482	0.8935	0.0453
混合文档	0.7856	0.8559	0.0705

10.4　本 章 小 结

　　特征提取、查询扩展、文档相似度计算都是信息检索领域重要的研究内容。本章分别介绍了利用术语关系改进文本特征词提取，基于局部共现的查询扩展，和文档相似度计算等。

　　利用同义词改进文本特征提取方法，依据候选特征词的同义词数量和二者之间的词语相似度对特征词权重进行合理修正，使特征词对文本的表示更为准确；利用同义词改进基于局部共现的查询扩展方法，不仅考虑了查询术语的局部共现词本身，而且考虑了查询术语同义词的局部共现词，使得扩展词的选择更为科学；基于词语同义关系的文档相似度计算，同时考虑了文档特征词的权重和特征词之间的相似度，在一定程度上克服了向量空间方法假设特征元素之间的关系正交的不足，因此都取得了一定的效果。

第 11 章　基于信念网络的话题识别与追踪模型

网络等新媒体的出现，使得新闻信息的涌现性尤为突出，如何有效地组织这些信息成为目前亟需解决的问题。话题识别与追踪技术(Topic Detection and Tracking，TDT)的目的就是将杂乱的信息有效地汇总组织起来，当发现新的话题时发出警告，并对其进行及时、实时的控制和引导[179]。基于话题识别与追踪和信息检索所具有的共性，研究者们陆续尝试将信息检索领域的相关技术应用于话题识别与追踪，取得了许多进展[180~183]。信念网络检索模型是重要的贝叶斯网络检索模型之一，它提供了一个灵活的框架可以有效地归并不同的证据信息，在概率推导的过程中，通过对条件概率的不同规定，可以得到不同的文档排序方法。本章介绍几个基于信念网络的话题识别与追踪模型。

11.1　话题识别与追踪的基础知识

11.1.1　基本概念与主要任务

首先介绍话题识别与追踪的基本概念和主要任务。

1) 基本概念[184]

(1) 话题(Topic)：指一个核心事件或者活动，以及所有与之直接相关的事件和活动。

(2) 事件(Event)：指由某些原因、条件引起的，发生在特定时间、地点，涉及某些对象(人或物)，并可能伴随某些必然结果的新闻信息。

话题是话题识别与追踪研究中一个最基本、最核心的概念，它在该领域中的含义不同于语言学上的概念，语言学中，话题是指谈话的中心。在早期研究中，研究者们认为话题和事件属于相同的概念，不加以区分，但是随着该技术的深入发展，研究者们逐渐将二者视为不同的概念。

(3) 报道(Story)：指一个与话题紧密关联的、包含两个或多个独立陈述某个事件的新闻片断。

(4) 特征项(Feature item)：采用一定分词技术和权重计算，抽出能代表报道的术语集$\{k_1, k_2, \cdots, k_n\}$，术语 k_i 称为报道的特征项。

一般地，一个事件是由一组报道组成的，一个话题又由一组事件组成，所以能代表某一事件的术语集合又称为事件的特征项，能代表某一话题的术语集合又称为话题的特征项。

为了便于表述，对于特征项的权重表示约定如下：

如果术语 k_i 是报道 s 的特征术语，则 k_i 在 s 中的权重记作 w_{is}；

如果术语 k_i 是事件 e_l 的特征术语，则 k_i 在 e_l 中的权重记作 w_{iel}；

如果术语 k_i 是话题事件 t_j 的特征术语，则 k_i 在 t_j 中的权重记作 w_{itj}。

2）主要任务

话题识别与追踪包括五个子任务[185]，分别是：报道切分、话题追踪、话题识别、首报道检测、关联检测。

（1）报道切分。

报道切分是指将从某信息源（电视、广播等）获得的信息流通过一定手段切分为一个一个的新闻报道。由于新闻专线、网络给出的新闻报道本身就是一条一条的新闻，所以此类新闻不需要进行切分。切分技术主要应用于音频、视频类的新闻信息。报道切分属于对原始数据的预处理，其余四项任务均是在该任务完成的前提下进行的。

（2）话题追踪。

话题追踪的任务是从新闻流中追踪到和已有话题相关的新闻报道。在话题追踪任务开始之前，一般要给定该话题一个或者几个已知的相关新闻报道（一般是 1～4 个）。为完成这项任务，通常要把语料分成两部分：训练集合和测试集合，训练集合中的新闻报道需要标注是否和目标话题相关。

话题追踪技术目前主要有机器学习、查询扩展、相关反馈、权重调整、报道扩充，常采用的方法有分类方法、向量空间模型、语言模型等。

（3）话题识别。

话题识别的任务是将输入的新闻报道分到不同的话题，或者在需要的时候建立新的话题，从本质上说是对新闻报道进行聚类。话题识别是对未知话题的检测，系统不能确定何时适合建立一个新的话题，也不能确定最终能识别出多少话题，从这个角度理解，该项任务属于无指导的聚类研究。此外，传统的聚类是在已知全局信息基础上进行的聚类，而话题识别是增量式的，它的信息会随着新闻报道的出现而不断增加，故属于增量式聚类。

（4）首报道检测。

首报道检测也可称为新事件识别，它和话题识别存在必然的联系。首报道检测的任务是识别出以前没有讨论过的新闻话题，例如，第一条关于唐山大地震的新闻报道，第一条关于诺贝尔文学奖获得者的新闻报道，等等。

(5)关联检测。

关联检测就是识别不同报道间的关系是相关还是不相关，是属于同一个话题还是不属于同一个话题。目前，多采用余弦相似度计算公式计算报道间的相似度。

11.1.2　实现方法

构造一个实用的话题识别与追踪系统是进行话题识别与追踪研究的主要目的之一，也是检验识别和追踪方法优劣的根本。总的来说，要实现话题识别与追踪的功能，需要解决以下几个问题[186]：话题和报道的模型化；话题与报道间的相似度计算；聚类分类策略。

1. 话题和报道的模型化

要判断新闻报道和某个话题是否相关，首先要解决的问题就是用什么模型来表示二者。目前较为常用的是语言模型和向量空间模型。

1)语言模型

如果单纯从概率的角度计算报道和话题的相似度，可采用条件概率实现。假设报道中出现的特征词 k_i 各不相关，则报道 s 和话题 t 的相关概率为

$$P(t \mid s) = \frac{P(t) \times P(s \mid t)}{P(s)} \approx P(t) \times \prod_i \frac{P(k_i \mid t)}{P(k_i)} \qquad (11\text{-}1)$$

其中，$P(t)$ 为任何一个新的新闻报道和该话题 t 相关的先验概率；$P(k_i \mid t)$ 表示特征 k_i 在话题 t 中的生成概率。$P(k_i \mid t)$ 可以看作是一个两态的混合模型，如图 11.1 所示。

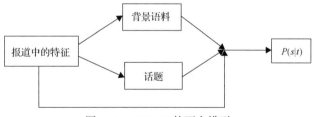

图 11.1　$P(k_i \mid t)$ 的两态模型

上述模型的一个状态是特征在该话题中所有报道的分布，另一个是该特征在整个语料中的分布。计算两个状态一般采用最大似然估计的方法。语言模型的最大缺点是其存在稀疏性，需要解决没有出现的特征词的零概率问题，通常采用线性插值的方法把背景语料信息加入。

$$P_{final}(k_i \mid t) = \alpha P(k_i \mid t) + (1 - \alpha)P(k_i) \qquad (11\text{-}2)$$

2) 向量模型

向量空间模型是目前最简单高效的话题表示模型之一，其基本思想是：将话题 t_j 和新闻报道 s 均采用向量表示，二者之间的相关度通过计算它们之间的相似度 $Sim(t_j, s)$ 来度量。围绕向量空间模型的改进研究较多，包括中心向量模型、多向量模型、时序扩展向量模型等。

3) 静态模型和动态模型

从话题模型是否更新的角度来看，话题模型可以分为静态话题模型(Static Topic Model)和动态话题模型(Dynamic Topic Model)两大类。静态话题模型始终依据最初建模时的核心内容进行话题的识别与追踪，故误报率比较低，但是随着话题的动态演化，初始核心没有足够的能力来描述话题的变化，故其漏报率较高。动态话题模型不断根据新的报道进行更新，追踪目标的描述内容不断充实，其漏报率比较低，误报率却提高了。由于动态话题模型能体现话题的动态演化，所以在话题识别与追踪中，应将其作为话题建模的首选样板。

2. 相似度计算

要判断新闻报道 s 属于哪一个话题，就需要计算 s 和所有话题之间的相似程度，最后把最高相似度和阈值进行比较，判断 s 属于已有话题还是属于一个新的话题。对于语言模型而言，依据式(11-1)，并取 log，可以得到其相似度计算公式为

$$Sim(s, t_j) = \log \prod_i \frac{P(k_i \mid t_j)}{P(k_i)} \qquad (11\text{-}3)$$

向量空间模型及其变形模型的相似度计算一般采用余弦公式，即求二者的内积

$$Sim(s, t_j) = \frac{\sum w_{is} w_{itj}}{\sqrt{(\sum w_{is}^2)(\sum w_{itj}^2)}} \qquad (11\text{-}4)$$

余弦相似度计算方法在比较两个长文档时比较有效。

3. 聚类分类策略

判断某个新报道是属于已有话题还是一个新话题，还涉及采用哪些聚

类、分类，以及根据反馈如何进行参数调整策略等。

1）增量聚类算法

该方法顺序处理报道，一次处理一则，对每则报道执行以下两个步骤：第一是选出和报道最相似的聚类；第二是把报道和相似度阈值进行比较，决定是把报道归到已有聚类还是创建一个新的聚类。这种方法优点是非常直观，易于实现；缺点之一是对一则报道只能做一次决策，因此早期根据很少信息所做出的错误判断累计到后面可能影响相当可观；另外随着报道的不断处理，计算开销会越来越大。

2）增量 k-means 算法

增量 k-means 算法在当前报道窗口中进行迭代操作，每次迭代都做适当改变，具体实现步骤如下：

第 1 步，使用增量聚类算法处理当前窗口的全部报道；

第 2 步，把窗口中的每一则报道和旧的聚类进行比较，判断每则报道是要合并到已有聚类中去还是用作新的聚类种子；

第 3 步，根据计算结果更新所有的聚类；

第 4 步，重复步骤 2 和 3，直到所有聚类不再变化。

11.2　基于信念网络的静态话题模型

11.2.1　静态话题模型理论

静态话题模型建模的基本思想是：首先确定话题的几个相关新闻报道作为样本，然后计算这些新闻报道的特征权重，选择出权重较大的前 n 个特征来描述话题，即进行话题建模。由于静态话题模型的构建仅依据有限的几个已知样本报道，其性能的好坏取决于该模型是否可以很好地描述种子事件。因此决定静态话题模型好坏的关键因素是特征选择。

假定语料中的新闻报道都具有相似的长度，并且对于任意特征 k_i，其文档频度非 0，则可以采用一定的相似度计算方法计算处新闻报道 s 和话题 t 的相似度 $Sim(s, t)$，并根据相似度是否满足阈值要求来判断报道 s 属于哪一个话题，从而实现对新闻报道的识别与追踪。

向量空间模型是基本的静态话题模型，随着话题识别与追踪技术的发展，出现了多个扩展的基于词包的静态话题模型。其扩展的依据主要有两点：一是特征选择的侧重点，即意欲选择哪类特征表示话题，是动词、名词还是形容词等；二是采用什么样的权重计算方法。表 11.1 给出了目前常用的、扩展的、基于词包描述的静态话题模型。

　　就特征选择而言，研究者们曾经尝试研究不同词性对种子事件的描述性，即哪种性质的词汇对种子事件的描述性更强。事实上，不同类话题的重要词汇的词性是不同的，例如：对于天气类的话题来说，一般是描述天气怎么样，这时候形容词的重要性大于动词；对于军事行动类的话题描述，其中最为重要的则是动词。另外在描述新闻报道时，我们一般都要提到新闻的发生时间、地点、人物、机构等这类名词，这类词汇就是相关研究中提出的名实体。

　　静态话题模型的另一种变形思路是权重计算，比较经典的改进的权重计算方法是 Okapi BM25 和 Rocchio 算法。Okapi BM25 方法主要解决了话题建模之初相关样本少，存在数据稀疏的问题，它在数据稀疏的情况下仍能检测出话题的主线。Rocchio 算法采用线性权衡的思路来计算一个特征对其所在话题的描述能力，并在计算特征权重的过程中使用不相关样本对相关样本中的权重做出调整。基于权重计算的另一类静态话题模型的变体是语言模型、相关模型和语义模型，这三种模型在权重计算的过程中合理的运用了伪相关样本。

　　静态话题模型的变体及特点见表 11.1。

表 11.1　面向静态话题建模的词包变体

模型		选择特征	权重计算
侧重特征选择的变体	Basic-STM	任意特征	TF-IDF
	N-STM	名词	TF-IDF
	V-STM	动词	TF-IDF
	A-STM	形容词	TF-IDF
	NE-STM	名实体	TF-IDF
	SR-STM	语义角色	TF-IDF
侧重权重划分的变体	OKAPI-STM	任意特征	BM25
	Rocchio-STM	任意特征	Rocchio
	LG-STM	任意特征	语言模型
	RM-STM	任意特征	相关性模型
	SM-STM	任意特征	语义模型

11.2.2　基于信念网络的静态话题模型 I

　　基于信念网络的静态话题模型 I (BSTM-I) 在话题识别与追踪的过程中始终保持拓扑结构不变，保证了话题初始核心内容的守恒[187]，故属于静态模型。

　　1) 模型拓扑结构

　　BSTM-I 的拓扑结构如图 11.2 所示。

　　BSTM-I 模型包括三类节点，新报道节点 s_n，术语节点 k_i 和话题节点 t_j。其中术语层 k_i 组成的集合 C 表示话题 t_j 的初始核心内容。

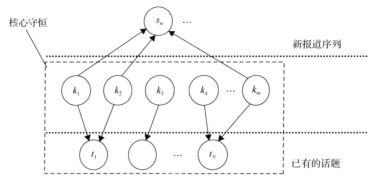

图 11.2　基于信念网络的静态话题模型 I

弧标明节点间的关系。如果术语 k_i 是新报道 s_n 的一个特征术语，则有一条弧从术语节点 k_i 指向新报道节点 s_n；如果术语 k_i 是话题 t_j 的一个特征术语，则有一条弧从术语节点 k_i 指向话题节点 t_j。

在话题追踪过程中，虚线框起的内容始终保持不变。

2) 话题识别与追踪

当出现新的报道 s_n 时，通过以下公式计算判断 s_n 是否属于某已知话题 t_j：

$$P(t_j \mid s_n) = Sim(t_j, s_n) = \eta \sum_c P(t_j \mid c) \times P(s_n \mid c) \times P(c) \qquad (11\text{-}5)$$

其中，η 是一个规范化因子，对条件概率 $P(t_j \mid c)$，$P(s_n \mid c)$ 的不同规定可以得到不同的排序策略。例如，可以定义：

$$P(s_n \mid c) = \begin{cases} \dfrac{num(s_n \cap c)}{num(c)}, & \text{条件1} \\ 0, & \text{其他} \end{cases} \qquad (11\text{-}6)$$

$$P(t_j \mid c) = \frac{\sum w_{itj} \times w_{is}}{\sqrt{\sum w_{itj}^2} \times \sqrt{\sum w_{is}^2}} \qquad (11\text{-}7)$$

式 (11-7) 中，条件 1 描述为：$num(s_n \cap c) > \lambda$，将 λ 预定义为 1，$num(s_n \cap c)$ 和 $num(c)$ 分别表示集合 $\{s_n \cap c\}$ 和 $\{c\}$ 中的术语个数。

依据以上公式可以计算出新报道 s_n 和已有话题 t_j 的相似度，如果相似度值大于阈值 θ，则认为 s_n 属于话题 t_j，如果 s_n 不属于已知话题，则划归为一个新的种子话题，完成对报道 s_n 的处理。依次处理新报道流，即为话题识别和追踪的过程。

11.2.3　基于信念网络的静态话题模型Ⅱ

基于信念网络的静态话题模型Ⅱ(BSTM-Ⅱ)在BSTM-Ⅰ的基础上增加了事件节点，整个识别和追踪过程更为完整。

1)BSTM-Ⅱ模型构建的基础工作

(1)运用样本报道已构建出术语库 $C = \{k_1, k_2, \cdots, k_m\}$。

(2)已构建事件库 $E = \{e_1, e_2, \cdots, e_M\}$。每个事件由多个报道组成，同一个事件中的所有报道围绕核心报道展开，核心报道指一个话题中关于某一个事件最早的新闻报道。在事件描述中，核心报道中出现的术语权重应该提高。

(3)已构建话题库 $T = \{t_1, t_2, \cdots, t_N\}$。构建方法和从术语库到事件库的构建类似，话题库中的每一个话题 t_j 的描述术语来源于与其对应的事件库。与上述内容类似，一个话题往往围绕一个核心事件展开，为体现核心事件在话题中的重要性，这步工作将对核心事件中的术语权重做出调整。

2)模型拓扑结构

BSTM-Ⅱ模型包括四类节点：新报道节点 s_n，术语节点 k_i，事件节点 e_l 和话题节点 t_j。加入事件节点层的目的有两个：一是模型化地表示出术语、报道、事件、话题的归属关系；二是为了体现核心事件在话题中的重要性。

弧仍然用来标明节点间的关系。如果术语 k_i 为新报道 s_n 的特征项，则有弧从节点 k_i 指向报道节点 s_n；同样如果术语 k_i 为事件 e_l 的特征项，则有弧从节点 k_i 指向事件节点 e_l；如果事件 e_l 属于话题 t_j，则有一条弧从 e_l 指向事件 t_j。

BSTM-Ⅱ模型的拓扑结构如图11.3所示。

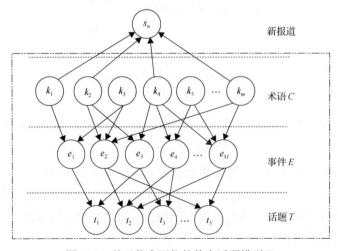

图11.3　基于信念网络的静态话题模型Ⅱ

多数情况下一个新的报道应该属于一个事件，但是在实际话题识别与追踪过程中，往往并不能准确判定一个报道的具体归属，因为一个新报道可能会同时跟几个不同事件都有共同特征项，只是相似程度不同。

一个话题一般也包括多个事件，一个事件会归属于几个不同的话题，体现在拓扑结构图上就是一个话题节点可能会被多个事件节点指向，同时一个事件节点可能指向多个话题节点。

3）话题识别与追踪

假设所有话题 t_j 的先验概率是相等的，依据贝叶斯概率、条件独立性假设和推理网络相关知识可得式（11-8）。

$$P(e_l \mid s_n) = \eta \sum_c P(e_l \mid c) P(s_n \mid c) P(c) \tag{11-8}$$

其中，c 是术语集合 C 的子集，η 是一个规范化因子，上式成立的前提是假设所有子集 c 等概率发生。

条件概率 $P(s_n \mid c)$ 和 $P(e_l \mid c)$ 定义为

$$P(s_n \mid c) = \begin{cases} \dfrac{num(s_n \cap c)}{num(c)}, & \text{条件1} \\ 0, & \text{其他} \end{cases} \tag{11-9}$$

$$P(e_l \mid c) = \frac{\sum w_{iel} \times w_{is}}{\sqrt{\sum w_{iel}^2} \times \sqrt{\sum w_{is}^2}} \tag{11-10}$$

则可以依据式（11-8）来判断新报道 s_n 属于哪一个事件。

判断新报道 s_n 属于哪一个话题 t_j，一个简单的办法是如果 s_n 属于事件 e_l，同时事件 e_l 属于话题 t_j，则认定新报道 s_n 归属于话题 t_j。但这种认定有其不足，例如：

假定某新报道 s_n 同时属于事件 e_1、e_2 和 e_3，且隶属度相同，同时 e_1、e_2 属于话题 t_1，e_2、e_3 属于话题 t_2，显然 s_n 属于 t_1 的程度要大于属于 t_2 的程度。如果同时考虑隶属度大小的不同，则有可能尽管 s_n 属于事件 e_l，事件 e_l 属于话题 t_j，但新报道 s_n 并不隶属于话题 t_j。为解决这个问题，在判断一个新报道是否属某话题时，不仅要考虑该报道对于所属事件的隶属程度，还要同时考虑有关事件对于其所属话题的隶属程度。由信念网络检索模型可知：

$$P(t_j \mid s_n) = \eta \sum_c P(t_j \mid c) P(s_n \mid c) P(c) \tag{11-11}$$

$P(s_n \mid c)$ 和 $P(c)$ 的定义在信念网络检索模型中已经给出，下面讨论 $P(t_j \mid c)$ 的计算方法。

从拓扑结构中可以看出，话题 t_j 通过事件 e_l 和特征术语相连接，同时考虑到话题是由事件组成的，故而可定义：

$$P(t_j \mid c) = \sum_{e_l \in \pi(t_j)} w_{lj} P(e_l \mid c) \tag{11-12}$$

其中，$\pi(t_j)$ 表示话题 t_j 的父节点集合；w_{lj} 表示事件 e_l 在话题 t_j 中的权重，可以用 e_i 和 t_j 的相似度表示。

$$w_{lj} = \frac{\sum w_{iel} \times w_{itj}}{\sqrt{\sum w_{iel}^2 \times \sum w_{itj}^2}} \tag{11-13}$$

根据式 (11-11) 的计算结果，若其值大于给定的阈值 θ，则将新报道 s_n 归类为话题 t_j，否则将其作为新的种子话题输出。

11.3　基于信念网络的动态话题模型

动态话题模型和静态话题模型的本质区别是在话题识别与追踪的过程中模型是否更新。动态话题模型能随着时间的发展，体现话题的动态演化，所以与静态话题模型相比，其应用性更强。本节首先介绍了动态话题模型相关理论，然后介绍两个基于信念网络的动态话题模型 BDTM-I 和 BDTM-II。

11.3.1　动态话题模型理论

动态话题模型建模的基本思想是将自适应学习[188]的方法引入话题识别与追踪，通过自动学习话题发展规律，实时更新初始模型，使其更加有效的识别与追踪后续新闻报道。基于词包的静态话题模型一般通过引入增量式自适应学习来调整特征的权重，从而使其由静态话题模型转化为动态话题模型；层次结构话题模型一般要通过自适应学习动态调整特征权重和树形结构两项内容。

1) 自适应学习

自适应学习是心理学、机器学习领域的一种新兴学习方式，它打破了传统学习采用简单的文字、符号、概念或者原理的思想，从问题或者实际的例子入手，学习者在不断解决问题的过程中学到新知识，增强对类似问题的处理能力。

自适应学习主要包括发现学习、解释学习、例中学和做中学四种形式。发现学习要求学习者通过观察和分析给定的原始材料，发现规律并进行归纳，总结出通用概念和结论；解释学习的学习材料是一个概念，以及与该概念相关的例子和有关规则，学习者的任务首先是解释给出的例子为什么能满足概念，然后将解释和概念结合，将其作为概念新的支撑材料；例中学即通过已有的例子学习到一些知识，包括给出正例反例(通过分析其异同，给出一个能满足正例的同时排除反例概念)和给出例题(学习者自己按步骤解决，对该解决过程进行反思总结)两种情况；做中学提供给学习者的是一些问题，学习者的任务是解决这些问题，并在解决的过程中学会解决其他类似的问题。

2) 增量式学习算法

基于增量式学习[189]的跟踪系统往往采用向量空间模型进行话题建模，该方法中的特征选择与权重的计算方法与静态话题模型类似。不同的是，在话题跟踪的过程中，增量式学习会不断利用新追踪到的相关新闻报道更新特征的权重，后续的相关报道中权重较高的特征将有机会融入话题模型，而初始描述话题的特征可能会被替换掉。

增量式学习的优点是由于其在话题识别与追踪的过程中，不断充实话题内容，从而提高了系统的查全率，缺点是当论述新事件的相关报道得到充分积累后，初始描述种子事件的特征就会变得非常稀疏，这种情况容易导致话题漂移现象。

3) 结构化话题模型的动态变形

结构化话题模型的典型代表是具有层次结构的树状模型[190]，其所有特征都按照它们表述话题内容的层次进行了划分，因而层次结构非常清楚。基本的层次划分包括宏观层次和具体层次，即善于表述话题宏观概念的特征集合以及适合于表述具体时间内容的特征集合。在此基础上，利用层次聚类技术并结合特征在话题样本中的分布概率，可以将层次划分为多种粒度。由此，树状话题模型可以将不同特征散布于自根节点至叶子节点的不同话题脉络上，每条脉络都具有自身内容的凝聚性，且自顶向下表述宏观至具体的话题属性。举一个简单的例子，假设一个树状结构中根节点表示宏观的话题内容"屠呦呦获诺贝尔医学奖"，其包含两条主干脉络："青蒿素"和"获奖意义"，每条脉络的叶节点部分可以具体到特定的相关事件，比如"青蒿素"的叶节点包括"治疗疟疾""青蒿素的提取"和"青蒿素的功效"事件。利用树状结构，跟踪过程在判定待测新闻报道是否相关时，可以按照深度遍历的路线，有针对性地匹配话题和报道的局部特征。

树状模型也可以借助自适应学习实现模型的动态更新，与无结构的词包式话题模型的区别是，树状话题模型的自适应学习过程不仅要对特征的权重进行更新，而且还要利用子结构的嵌入、剪枝与融合等步骤实现结构的变形。最基本的变形是：当话题识别与跟踪系统识别出一个新的相关报道后，自学习机制将其作为叶子节点嵌入到树状结构中，嵌入位置为毗邻最相近的叶子节点，同时融合邻居节点，抽取其中共性的特征更新父节点，原父节点升格为祖先节点。这一更新过程自底向上依次类推，使得话题脉络得以更新。图 11.4 中，当 L23 嵌入话题模型后，左面脉络没有影响，但右面脉络需要进行更新。

树状动态话题模型动态更新的关键点是寻找恰当的嵌入点。不恰当的嵌入将会导致话题的变形出现误差，从而影响系统的话题识别与追踪性能。

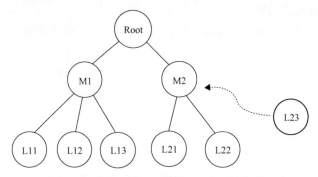

图 11.4　层次树状话题模型及动态更新样例

11.3.2　基于信念网络的动态话题模型 I

这里介绍两个基于贝叶斯网络的动态话题模型[191]，与原文献相比，具体描述上做了一些改动。

图 11.5 给出了基于信念网络的动态话题模型 BDTM-I 的拓扑结构。

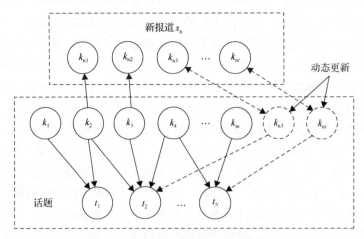

图 11.5　基于信念网络的动态话题模型 I

BDTM-I 包括三类节点：新报道节点 s_n 的特征(术语)节点 k_{ni}，话题特征(术语)节点 k_i 和已有的话题节点 t_j。

图中话题部分是对话题的描述，其中特征节点 k_i 指向话题节点 t_j 的弧表示术语 k_i 是话题 t_j 的特征项；新报道部分是对 s_n 的描述，术语节点 k_{ni} 为 s_n 的特征项，如果 s_n 的某个特征项 k_{ni} 与话题特征项 k_i 相同，则从相关话题特征项节点 k_i 到新报道特征节点 k_{ni} 有一条弧。

BDTM-I 模型仍然采用公式 $P(t_j \mid s_n) = \eta \sum_{\forall c} P(t_j \mid c) \times P(s_n \mid c) \times P(c)$ 计算待测新闻报道和话题的相似程度，根据计算结果和阈值比较，如果判定报道 s_n 和话题是相关，则需对话题模型进行动态更新，包括以下两种情况。

(1) 如果新报道 s_n 的特征术语 k_{ni} 已经是话题 t_j 的特征项，则需要对 t_j 的该特征项权重进行调整。设 k_{ni} 在 s_n 的权重为 w_{is}，调整方法如式(11-14)所示。

$$w_{itj} = \frac{w_{itj} + w_{is}}{2} \tag{11-14}$$

(2) 如果报道 s_n 的特征术语 k_{ni} 不是话题 t_j 的特征术语，则直接将该术语加入话题，且 $w_{itj} = w_{is}$，同时模型做出动态更新，添加新的术语节点和弧。

BDTM-I 和静态话题模型 BSTM-1 的区别是：随着对话题的追踪，当发现新的相关报道时，话题将融入相关内容，从而使得话题的特征项不断发生变化，所以在概率推导过程中，虽然二者的计算公式相同，但是其中话题特征集合的实质是不同的。

11.3.3　基于信念网络的动态话题模型 II

图 11.6 为基于信念网络动态话题模型 BDTM-II 的拓扑结构。

与 BDTM-I 相比，该模型将话题的初始部分和更新部分分开，模型分为新报道部分，静态话题模型部分，和动态更新模型部分。初始部分实际上是一个静态模型，动态更新只在动态更新模型完成。模型中节点包括两类，特征项(术语)节点和话题节点。特征项节点又分为新报道的特征项节点和话题的特征项节点两类。话题节点形式上有三种：t_{sj}、t_{uj} 和 t_j，但实际上 t_{sj} 和 t_{uj} 是 t_j 在不同语境下的不同表现形式。在静态模型部分记作 t_{sj}，在动态更新模型部分记作 t_{uj}。利用析取操作符 or 来归并 t_{sj} 和 t_{uj} 提供的不同证据。

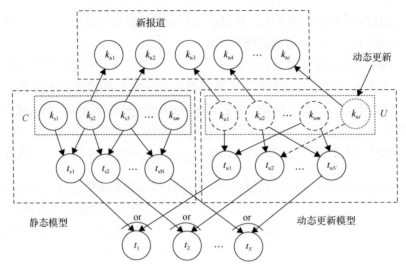

图 11.6　基于信念网络的动态话题模型 II

下面推导 $P(t_j \mid s_n)$ 计算方法。由基本的信念网络检索模型公式 $P(d_j \mid q) = \eta \sum_u P(d_j \mid u) P(q \mid u) P(u)$ 可得

$$P(t_{sj} \mid s_n) = \eta \sum_c P(t_{sj} \mid c) P(s_n \mid c) P(c) \tag{11-15}$$

$$P(t_{uj} \mid s_n) = \eta \sum_u P(t_{uj} \mid u) P(s_n \mid u) P(u) \tag{11-16}$$

根据析取运算(or)的定义有

$$P(t_j \mid s_n) = 1 - (1 - P(t_{sj} \mid s_n)) \times (1 - P(t_{uj} \mid u)) \tag{11-17}$$

可以利用式(11-15)、式(11-16)和式(11-17)计算得到新报道 s_n 和话题 t_j 的相似度。

在话题追踪过程中，静态模型部分的 C 始终不会变化，如果新报道 s_n 和话题 t_j 相似，则动态更新模型部分 U 将会变化，其更新方法如下：

(1)如果新报道 s_n 中的术语 k_{ni} 从未在更新证据 U 中出现，则直接将其加入 U；

(2)如果新报道 s_n 中的术语 k_{ni} 在更新证据 U 中存在，则对其权重进行调整，调整方法同 BDTM-I。

初始核心证据的贡献是降低误报率，避免话题漂移现象，更新证据的贡献是降低漏报率。

为调整二者的贡献度，可以在式(11-17)的基础上，加上了调整参数 α

和 β，修改后的公式为

$$P(t_j \mid s_n) = 1 - (1 - \alpha P(t_{sj} \mid s_n)) \times (1 - \beta P(t_{uj} \mid u)) \qquad (11\text{-}18)$$

通过调整参数 α 和 β 可以改变二者对追踪结果的贡献度，该模型实现了对传统静态话题模型和动态话题模型优缺点的折中。在实际应用中，可根据需要对其进行调整，若 $\alpha = 0$，则只采用了动态模型的证据，若 $\beta = 0$，则 BDTM-II 变为静态话题模型，所以 BDTM-II 的灵活性优于其他两个模型。

11.4 本 章 小 结

本章首先介绍了话题识别与追踪的相关理论，然后在基本信念网络检索模型的基础上，介绍了四个基于信念网络的话题模型：BSTM-1，BSTM-II，BDTM-1，BDTM-2，其中前两个为静态话题模型，后两个为动态话题模型。BSTM-I 结构比较简单，BSTM-II 考虑了核心报道、核心事件对特征权重的影响，加入了事件层。由于通过权重调整使得选择的特征能更为准确地描述话题，所以 BSTM-II 的性能优于 BSTM-I。BDTM-I 沿用了传统动态模型的建模思想，即随着话题的发展，不断更新话题内容，其潜在危险是可能会冲淡话题的初始核心内容，导致话题漂移现象。BDTM-II 打破了传统话题建模的思想，将静态话题模型的优点和动态话题模型的优点作为两项证据进行归并，即在拓扑结构中包含初始核心证据和动态更新证据两类证据，因此 BDTM-II 的性能应该是二者的折中。

总结与展望

作为人工智能领域处理概率问题的主要方法，贝叶斯网络在过去的十五年里已经通过不同的方式应用到了信息检索领域。其灵活的拓扑结构，适合表示术语间的条件概率和概念语义，从而为更准确的检索信息提供了保证。但是，传统的基于贝叶斯网络的检索模型大都假定术语独立，没有利用术语之间的关系，因而无法实现语义检索。一般地，当使用给定文档集合所包含的术语间关系时，可以提高信息检索系统的性能。因而，如何准确的获取术语间的关系，并在检索过程中合理的使用这种关系，就成为提高检索性能的关键之一。

在信息检索领域，同义词、近义词、高度相关词等从语义上表达了用户的查询意图，包含这些术语的文档从一定程度上也满足用户的查询要求。本书在研究同义词、相关词等方法挖掘的基础上，研究了利用词语间关系改进文本特征词提取方法，实现查询扩展，改进文档相似度计算，以及利用术语间关系实现基于贝叶斯网络的信息检索模型扩展等问题，并针对国内实验用小型测试集缺乏的现实情况，介绍了一个小型中文测试集的构建和分析，同时研究了信念网络在话题识别与追踪方面的建模。

总体来说，基于贝叶斯网络的信息检索建模是信息检索领域一个较新的研究方向。国际上，目前主要有 Ribeiro-Neto 和 de Compos 两个研究团队。Ribeiro-Neto 提出了信念网络模型，研究了组合不同证据的信念网络模型，如组合过去查询证据、网页链接证据等。de Compos 团队从 2003 年开始提出了一系列基于贝叶斯网络的信息检索模型，如 BNR 模型、简单贝叶斯网络模型、结构化文档检索模型等，同时在其研究中提出了"合理使用术语之间的关系可以提高检索性能"的思想，并进行了一些相关研究。

在国内，基于贝叶斯网络的信息检索模型的研究者比较少，本书所作的一些的工作也仅仅是一些肤浅的尝试，尚存在很大不足。尤其是缺少标准的测试参考集，致使我们研究的实验结果尚不具有权威性，术语之间关系的量化方法尚欠科学，最新的一些方法没有给出介绍，等等。因此今后尚有许多问题需要进一步研究，如：

(1)设计合理的挖掘算法和推理算法，提高检索效率。由于贝叶斯网络的本身缺陷，用来评估概率分布的时间开销和存储信息的空间开销非常大。

同时因为贝叶斯网络中的一般推理都是一个 NP 完全问题，所以设计科学合理的挖掘算法和推理算法，提高检索效率，一直是基于贝叶斯网络信息检索研究的一个核心问题。因此，在下一步我们的研究工作中，该问题将是主要问题之一。

(2)测试集的建立与模型评估问题。尽管已经出现了一些信息检索测试集，但目前尚缺少合理的、方便使用的中文文档测试集，尤其是结构化文档检索的测试集。CWT 的出现解决了一些问题，但它不是针对结构化文档检索的，另外，对于传统的信息检索，它没有提供查询实例，自然也没有相关文献集。这些不足在一定程度上限制了国内研究的开展。因此测试集问题是下一步提高研究水平需要解决的另一主要问题。

(3)基于贝叶斯网络的结构化文档的检索研究。随着结构化文档在互联网上变得越来越普遍，结构化文档检索正在成为信息检索领域一个新的研究分支。贝叶斯网络可以准确地表示文档的结构，通过推理以计算出在给定查询下每个相关结构单元的条件概率，因此近年来基于贝叶斯网络的结构化文档检索研究开始成为一个新的研究方向。但是，到目前为止该方面的研究还刚刚开始，正是我们需要关注的重点。

(4)贝叶斯网络在相关领域研究的进一步拓展。国外研究者已经将贝叶斯网络的应用扩展到信息检索领域的很多方面，如索引、文本分类、过滤、超文本检索等，但国内的相关研究还很少，还需要有关研究者去做进一步工作。

(5)已有研究工作的进一步完善。由于本书介绍的研究工作在很多方面尚不完善，例如，如何在基于信念网络的话题识别模型中组合不同证据，如何更为合理地利用术语关系，等等，因此对现有研究进一步的完善也将成为我们下一步的重要工作内容。

希望本书介绍的工作能为相关研究人员提供一些有益的参考和启发。

参 考 文 献

[1] Baeza-Ytes R, Ribeiro-Neto B A. Modern Information Retrieval[M]. New York: ACM Press, 1999.

[2] Gudivada V, Raghavan V, Grosky W, et al. Information retrieval on the World Wide Web[J]. IEEE Internet Computing, 1977, (10-11): 58-68.

[3] 景玉峰, 王能琴, 刘琪. 概率检索模型[J]. 现代图书情报技术, 1987, 1: 29-31.

[4] 王理冬, 汪光阳, 程泽凯, 等. 贝叶斯网络的发展与展望[J]. 安徽工业大学学报, 2006, 23(2): 195-198.

[5] Denoyer L, Gallinari P. Bayesian network model for semi-structured document classification[J]. Information Processing and Management, 2004, 40: 807-827.

[6] 王军, 周伟达. 贝叶斯网络的研究与进展[J]. 电子科技, 1999, (15): 6-7.

[7] de Campos L M, Fernádez-Luna J M, Huete J F. Bayesian networks and information retrieval: an introduction to the special issue[J]. Information Processing and Management, 2004, 40: 727-733.

[8] Frisse M E. Searching for information in a hypertext medical handbook[J]. Communications of the ACM, 1988, 31: 880-886.

[9] Turtle H R. Inference networks for document retrieval[D]. Boston: University of Massachusetts, 1990.

[10] Turtle H R, Croft W B. Inference networks for document retrieval[C]. Proceedings of the 13th ACM-SIGIR Conference, ACM, 1990: 1-24.

[11] Turtle H R, Croft W B. Efficient probabilistic inference for text retrieval[C]. Proceedings of the RIA0'91 Conference, 1991: 644-661.

[12] Turtle H R, Croft W B. Evaluation of an inference network-based retrieval model[J]. Information Systems, 1991, 9(3): 187-222.

[13] Turtle H R, Croft W B. A comparison of text retrieval models[J]. The Computer Journal, 1992, 35(3): 279-290.

[14] Turtle H R, Croft W B. Uncertainty in information retrieval systems[C]. Uncertainty Management in Information Systems: From Needs to Solutions. Kluwer Academic Publishers, 1997: 189-224.

[15] Indrawan M, Ghazfan D, Srinivasan B. Using Bayesian networks as retrieval engines[C]. Proceedings of the 6th Text Retrieval Conference, 1996: 437-444.

[16] de Cristo M A P, Calado P P, de Lourdes da Silveira M, et al. Bayesian belief networks for IR[J]. International Journal of Approximate Reasoning, 2003, (34): 163-179.

[17] Ribeiro-Neto B A, Silva I, Muntz R R. Bayesian network models for IR[C]. Soft Computing in Information Retrieval Techniques and Applications, Springer-Verlag, 2000: 1-32.

[18] Ribeiro-Neto B A, Muntz R R. A belief network model for IR[C]. Proceedings of the 19th International ACM–SIGIR Conference, 1996: 253-260.

[19] Acid S, de Campos L M, Fernández-Luna J M, et al. An information retrieval model based on simple Bayesian networks[J]. International Journal of Intelligent Systems, 2003, (18): 251-265.

[20] de Campos L M, Fernández-Luna J M, Huete J F. The BNR model: foundations and performance of a Bayesian network-based retrieval model[J]. International Journal of Approximate Reasoning, 2003, (34): 265-285.

[21] de Campos L M, Fernández-Luna J M, Huete J F. Improving the efficiency of the Bayesian network retrieval model by reducing relationships between terms[J]. International Journal of Uncertainty, Fuzziness and Knowledge-Based Systems, 2003, (11): 101-116.

[22] de Campos L M, Fernández-Luna J M, Huete J F. Two term-layers: an alternative topology for representing term relationships in the Bayesian network retrieval model[C]. Advances in Soft Computing Engineering, Design and Manufacturing. Springer-Verlag, 2003: 213-224.

[23] Crestani F, de Campos L M, Fernández-Luna J M, et al. A multi-layered Bayesian network model for structured document retrieval[C]. Lecture Notes in Artificial Intelligence, 2003, 2711: 74-86.

[24] de Campos L M, Fernández-Luna J M, Huete J F. Using context information in structured document retrieval: an approach based on influence diagrams[J]. Information Processing and Management, 2004, (40): 829-847.

[25] 林士敏, 田凤占, 陆玉昌. 贝叶斯学习、贝叶斯网络与数据采掘[J]. 计算机科学, 2000, 27(10): 69-72.

[26] 林士敏, 田凤占, 陆玉昌. 贝叶斯网络的建造及其在数据采掘中的应用[J]. 清华大学学报(自然科学版), 2001, 41(1): 49-52.

[27] 林士敏, 田凤占, 陆玉昌. 用于数据采掘的贝叶斯分类器研究[J]. 计算机科学, 2000, 27(10): 73-76.

[28] 慕春棣, 戴剑彬, 叶俊. 用于数据挖掘的贝叶斯网络[J]. 软件学报, 2000, 11(5): 660-666.

[29] 李俭川, 陶俊勇, 胡茑庆, 等. 基于贝叶斯网络的智能故障诊断方法[J]. 中国惯性技术学报, 2002, 10(4): 24-28.

[30] 周志远, 沈固朝, 朱小龙. 贝叶斯网络在情报预测中的应用[J]. 情报科学, 2014, 32(10): 3-8.

[31] 欧洁, 林守勋. 基于贝叶斯网络模型的信息检索[J]. 微电子学与计算机, 2003, (5): 83-87.

[32] Greenberg J. Automatic query expansion via lexical-semantic relationships[J]. Journal of the American Society for Information Science and Technology, 2001, 52(5): 402-415.

[33] Greenberg J. Optimal query expansion processing methods with semantically encoded structured thesauri terminology[J]. Journal of the American Society for Information Science and Technology, 2001, 52(6): 487-498.

[34] Kristensen J. Expanding end-users' query statements for free text searching with a search-aid thesaurus[J]. Information Processing & Management, 1993, 29(6): 733-744.

[35] Mandala R, Tokunaga T, Tanaka H. Query expansion using heterogeneous thesauri[J]. Information Processing & Management, 2000, 36: 361-378.

[36] 徐建民, 唐万生. 一个基于查询术语同义词的扩展信念网络检索模型[J]. 计算机工程, 2007, 33(10): 28-30.

[37] 徐建民, 白彦霞, 吴树芳. 基于同义词扩展的贝叶斯网络检索模型[J]. 计算机应用, 2006, 26(11): 2628-2630.

[38] 徐建民, 白彦霞, 吴树芳. 基于量化术语关系的叶斯网络检索模型扩展[J]. 计算机工程, 2007, 33(16): 175-178.

[39] de Campos L M, Fernández-Luna J M, Huete J F. Clustering terms in the Bayesian network retrieval model: a new approach with two term-layers[J]. Applied Soft Computing, 2004, (4): 149-158.

[40] Allan J, Papka R, Lavrenko V. On-Line new event detection and tracking [C]. The 21st Annual International ACM SIGIR Conference on Research and Development in Information Retrieval, New York: ACM, 1998: 37-75.

[41] Kumaran G, Allan J. Text classification and named entities for new event detection [C]. Proceedings of the ACM SIGIR Conference on Research and Development in Information Retrieval, New York: ACM, 2004: 446-453.

[42] Nallapati R, Feng A, Peng F C, et al. Event threading within news topics [C]. Proceedings of the 13th ACM International Conference on Information and Knowledge Management, Washington: ACM, 2004: 446-453.

[43] Yang Y M, Ault T, Pierce T, et al. Improving text categorization method for event tracking [C]. In Proceedings of the ACM SIGIR, New York: ACM, 2000: 65-72.

[44] Blei D M, Ng A Y, Jordan M I. Latent dirichlet allocation [J]. Journal of Machine Learning Research, 2003（3）: 933-1022.

[45] Ma N L, Yang Y M, Rogati M. Applying CLIR techniques to event tracking [C]. Proceedings of the AIRS 2004, Berlin: Springer, 2005: 24-35.

[46] Nallapati R. Semantic language models for topic detection and tracking [C]. The HLT-NAACL 2003 Student Research Workshop. Stroudsburg: Association for Computational Linguistics, 2003: 1-6.

[47] Wayne C L. Multilingual topic detection and tracking: Successful research enabled by corpora and evaluation [C]. Athens, Greece: ILSP, 2000: 1487-1494.

[48] Larkey L S, Feng F F, Connell M, et al. Language-specific models in multilingual topic tracking[C]. Proceedings of the 27th Annual International Information Conference on Research and Development in Information Retrieval, Sheffield: ACM, 2004: 402-409.

[49] 吴树芳. 基于信念网络的话题识别与追踪模型[D]. 保定: 河北大学, 2015.

[50] 史田华. 语义检索技术研究[J]. 图书馆杂志, 2001,（11）: 13-16.

[51] 王志勇. 基于统计语言学模型的中文文本信息检索[D]. 上海: 第二军医大学, 2004.

[52] Baeza-Yates R., Ribeiro-Neto B A. 现代信息检索[M]. 王知津, 贾福新, 郑红军, 译. 北京: 机械工业出版社, 2005.

[53] Salton G. The SMART Retrieval System-Experiments in Automatic Document Processing[M]. Prentice Hall Inc., Upper Saddle River, NJ, 1971.

[54] Salton G, Lesk M E. Computer evaluation of indexing and text processing[J]. Journal of the ACM, 1968, 5（1）: 8-36.

[55] 康耀红. 情报检索的向量空间模型[J]. 情报理论与实践, 1989,（3）: 24-26.

[56] Salton G, McGill M J. Introduction to Modern Information Retrieval[M]. New York: McGraw Hill Book Co., 1983.

[57] Roberson S E. The probability ranking principle in information retrieval[J]. Journal of Documentation, 1977, 33（4）: 294-304.

[58] 刘久康, 王正兴. 用于情报检索的标准概率模型[J]. 情报理论与实践, 1989,（5）: 30-32.

[59] 王娟琴. 三种检索模型的比较分析研究[J]. 情报科学, 1998, 16（3）: 225-260.

[60] 齐向华. 文本信息检索模型[J]. 晋图学刊, 1998,（3）: 33-34.

[61] Salton G, Fox E A, Wu H. Extended Boolean information retrieval[J]. Communications of the ACM, 26（11）: 1022-1036, November 1983.

[62] Trotman A. Searching structure documents[J]. Information Processing and Management, 2004, 40: 619-632.

[63] 徐建民, 陈振亚. 用于结构化文档检索的贝叶斯网络[J]. 计算机工程, 2011, 37(14): 43-45.

[64] Burkowski F. An algebra for hierarchically organized text-dominated database[J]. Information Processing and Management, 1992, 28(3): 333-348.

[65] Baeza-Yates R, Navarro G. Integrating contents and structure in text retrieval[J]. ACM SIGMOD Record, 1996, 25(1): 67-79.

[66] 刘永丹. 文档数据库若干关键技术研究[D]. 上海: 复旦大学, 2004.

[67] 朱晓华. 基于概念空间方法的信息检索技术研究[J]. 大学图书馆学报, 2003, (2): 47-53.

[68] 王国琴. 基于语义检索的概念空间研究[D]. 南京: 南京理工大学, 2004.

[69] van Rijsbergen C J. Information Retrieval[M]. London: Butterworths, 1979.

[70] Baeza-Yates R, Ribeiro-Neto B A. 现代信息检索(原书第 2 版)[M]. 黄萱菁, 张琦, 邱锡鹏, 译. 北京: 机械工业出版社, 2012.

[71] Voorhees E M, Harman D K. Overview of the 6th text retrieval conference [A]. In Voorhees E. M. and Harman D. K.(Eds), Proc. of the Sixth Text Retrieval Conference, 1997: 1-24.

[72] Harman D K. Overview of the third text retrieval conference[C]. Proc. of the 3rd Text REtrieval Conference (TREC-3), 1995: 1-19.

[73] Small H. The relationship of information science to social science: A co-citation analysis[J]. Information Processing & Management, 1981, 17(1): 39-50.

[74] 中国科学院计算技术研究所. 2005 年度 863 计划信息检索评测大纲[EB/OL]. http://www.863data.org. cn/2005ir_info.php, 2005.

[75] 张志昌, 张宇, 高立琦, 等. 2005 年信息检索评测哈尔滨工业大学信息检索研究室技术报告[R]. 2005.

[76] 徐建民, 王平. 小型中文信息检索测试集的构建与分析[J]. 情报杂志, 2009, 28(1): 13-16.

[77] Esmaili K S, Abolhassani H, Neshati M, et al. Mahak:A Test Collection for Evaluation of Farsi Information Retrieval Systems[C].Amman, Jordan: ACS/IEEE International Conference on Computer Systems and Applications, 2007, 639-644.

[78] 王洁贞, 赵跃进, 马会妍, 等. Kappa 统计量及其应用[J]. 中国卫生统计, 1995, 12(6): 49-50.

[79] Conover W J. 实用非参数统计(第 3 版)[M]. 崔恒建, 译. 北京: 人民邮电出版社, 2006, 230-233.

[80] 盛骤, 谢式千, 潘承毅. 概率论与数理统计(第二版)[M]. 北京: 高等教育出版社, 1989.

[81] Jensen F V. An introduction to Bayesian Networks[M]. London: UCL Press Ltd., 1996.

[82] 徐建民, 唐万生, 陈振亚. 贝叶斯信念网络在信息检索中的应用[J]. 河北大学学报(自然科学版), 2007, 27(1): 93-98, 112.

[83] 李俭川. 贝叶斯网络故障诊断与维修决策方法及应用研究[D]. 长沙: 国防科学技术大学, 2002.

[84] 刘启元, 张聪, 沈一栋. 信度网推理——方法及问题(上)[J]. 计算机科学, 2001, 28(1): 74-77.

[85] 刘启元, 张聪, 沈一栋. 信度网推理——方法及问题(下)[J]. 计算机科学, 2001, 28(2): 115-118.

[86] 刘启元, 张聪, 沈一栋. 信度网近似推理算法(上)[J]. 计算机科学, 2001, 28(1): 70-73.

[87] 刘启元, 张聪, 沈一栋. 信度网近似推理算法(下)[J]. 计算机科学, 2001, 28(2): 111-114.

[88] 胡玉胜, 涂序彦, 崔晓瑜, 等. 基于贝叶斯网络的不确定性知识的推理方法[J]. 计算机集成制造系统——CIMS, 2001, 7(12): 65-68.

[89] 田凤占, 张宏伟, 陆玉昌, 等. 多模块贝叶斯网络中推理的简化[J]. 计算机研究与发展, 2003, 40(8): 1230-1237.

[90] 贺炜, 潘泉, 张洪才. 贝叶斯网络结构学习的发展与展望[J]. 信息与控制, 2004, 33(2): 185-189.

[91] 李晓毅, 徐兆棣, 孙笑微. 贝叶斯网络的参数学习研究[J]. 沈阳农业大学学报, 2007, 38(1): 125-128.

[92] 王辉. 用于预测的贝叶斯网络[J]. 东北师大学报(自然科学版), 2002, 34(1): 9-14.

[93] 张琨, 徐永红, 王珩, 等. 用于入侵检测的贝叶斯网络[J]. 小型微型计算机系统, 2003, 24(5): 913-915.

[94] 王广彦, 马志军, 胡起伟. 基于贝叶斯网络的故障树分析[J]. 系统工程理论与实践, 2004, (6): 79-83.

[95] Heckerman D, Mandani A, Wellman M. Real-World applications of Bayesian networks[J]. Communications of the ACM, 1995, 38(3): 38-45.

[96] Cooper G, Herskovits E. A Bayesian method for the introduction of probabilistic networks from data[J]. Machine Learning, 1992, 9(4): 309-347.

[97] 余长慧, 孟令奎, 潘和平. 基于贝叶斯网络的不确定性知识处理研究[J]. 计算机工程与设计, 2004, 25(1): 1-3.

[98] 王玮, 陈恩红, 王煦法. 基于贝叶斯方法的知识发现[J]. 小型微型计算机系统, 2000, 21(7): 703-705.

[99] 欧海涛, 张卫东, 许晓鸣. 基于 RMM 和贝叶斯学习的城市交通多智能体系统[J]. 控制与决策, 2001, 16(3): 291-295.

[100] 王永强, 律方成, 李和明. 基于粗糙集理论和贝叶斯网络的电力变压器故障诊断方法[J]. 中国电机工程学报, 2006, 26(8): 137-141.

[101] 苏从勇, 庄越挺, 黄丽, 等. 基于贝叶斯网络增强预测模型的人脸多特征跟踪[J]. 中国图象图形学报, 2005, 10(2): 175-180.

[102] 钟清流. Web 数据挖掘的 BN 实现方案[J]. 计算机工程, 2001, 27(6): 46-48.

[103] 刘树安, 于大鹏. 基于推理网络的文本检索模型[J]. 控制与决策, 2001, 16(增): 805-807.

[104] Calado P, Ribeiro-Neto B, Ziviani N, et al. Local versus global link information in the web[J]. ACM Transactions on Information Systems, 2003, 21(1): 42-63.

[105] Silva I, Ribeiro-Neto B, Calado P, et al. Link-based and content-based evidential information in a belief network model[A]. In Proceedings of the 23rd Annual International ACM SIGIR Conference on Research and Development in Information Retrieval, ACM Press, 2000: 96-103.

[106] Kleinberg J M. Authoritative sources in a hyperlinked environment[J]. Journal of the ACM, 1999, 46(5): 604-632.

[107] de Lourdes da Silveira M, Ribeiro-Note B A, de Freitas Vale R. Vertical searching in juridical digital libraries[C]. Proceedings of the 25th Annual European Conference on Information Retrieval Research, Pisa, Italy, 2003: 491-501.

[108] 陆勇, 侯汉清. 用于信息检索的同义词自动识别及其进展[J]. 南京农业大学学报(社会科学版), 2004, 4(3): 87-92.

[109] Dagan I, Pereira F C N, Lee L. Similarity-based estimation of word co-occurrence probabilities[C]. 32nd Annual Meeting of the ACL, 1994: 272-278.

[110] Dagan I, Lee L, Pereira F. Similarity-based models of word co-occurrence probabilities[J]. Machine Learning, Special issue on Machine Learning and Natural Language, 1999, 34(1-3): 43-69.

[111] 陈翀, 彭波, 闫宏飞, 等. 一种词汇共现算法及共现词对检索系统排序的影响[J]. 清华大学学报(自然科学版), 2005, 45(S1): 1857-1860.

[112] Hauck R V, Sewell R R, Ng T D, et al. Concept-based searching and browsing: a geosciece experiment[J]. Journal of Information Science, 2001, 27(4): 199-210.

[113] 张涛, 杨尔弘. 基于上下文词语同现向量的词语相似度计算[J]. 电脑开发与应用, 2005, 18(3): 41-43.

[114] Peter D T. Mining the web for synonyms: PMI–IR versus LSA on TOEFL[C]. European Conference on Machine Learning, 2001: 491-502.

[115] Higgins D. Which statistics reflect semantic? Rethink synonymy and word similarity[C]. International Conference on Linguistic Evidence, Tübingen, 2004: 61-65.

[116] 徐德智, 邓春卉. 基于 SUMO 的概念语义相似度研究[J]. 计算机应用, 2006, 26(1): 180-183.

[117] 聂卉, 龙朝晖. 结合语义相似度与相关度的概念扩展[J]. 情报学报, 2007, 26(5): 728-732.

[118] Miller G A, Beckwith R, Fellbaum C, et al. Introduction to Wordnet: An on-line lexical database[R]. In Fie Papers on Wordnet, CSL report, Cognitive Science Laboratory, Princeton University, 1993.

[119] 陈群秀. 一个在线义类词库: 词网 WordNet[J]. 语言文字应用, 1998(2): 93-99.

[120] 张俐, 李晶皎, 胡明涵, 等. 中文 WordNet 的研究及实现[J]. 东北大学学报(自然科学版), 2003, 24(4): 327-329.

[121] 梅家驹, 高蕴奇. 同义词词林[M]. 上海: 上海辞书出版社, 1983.

[122] 章成志. 一种基于语义体系的同义词识别研究[J]. 淮阴工学院学报, 2004, 13(1): 59-62.

[123] 昝红英, 俞士汶. CCD 及其应用[J]. 广西师范大学学报(自然科学版), 2003, 21(1): 98-103.

[124] 于江生, 俞士文. 中文概念词典的结构[J]. 中文信息学报, 2002, 16(4): 12-20.

[125] 刘群, 李素建. 基于《知网》的词汇语义相似度计算[J]. 计算语言学及中文信息处理, 2002(7): 59-76.

[126] 董振东, 董强. 《知网》[EB/OL]. http://www.keenage.com.

[127] Ehrig M, Staab S. QOM-quick ontology mapping[C]. Proceeding of International Semantic Web Conference 2004, Hiroshima, 2004, 11.

[128] 王源, 吴晓滨. 后控规范的计算机处理[J]. 现代图书情报技术, 1993, (2): 4-7.

[129] 吴志强. 经济信息后控词表的研究[D]. 南京: 南京农业大学, 1999.

[130] Strube M, PonzettoS. WikiRelate!Computing semantic relatedness usingWikipedia. In: AAAI 2006. Proc. of National Conference on Artificial Intelligence, Boston, Mass, 2006: 1419-1424.

[131] Nakayama K, Hara T, Nishio S. Wikipedia Mining for an Association WebThesaurus Construction[C]. WISE 2007, LNCS 2007(4831): 322-334.

[132] 徐建民, 田晋坤, 付婷婷. 基于共现分析法改进改进的 PF-IBF 方法[J]. 情报杂志, 2010, 29(10): 163-166.

[133] Xu J M, Tang W S, Ning Y F. A belief network based retrieval model with two term layers[C]. Proceedings of 2006 International Conference on Machine Learning and Cybernetics, 2006: 2726-2731.

[134] 徐建民, 陈振亚, 白艳霞. 利用查询术语同义词关系扩展信念网络检索模型[J]. 情报学报, 2008, 27(3): 363-368.

[135] 徐建民, 朱松, 陈富节. 术语相似度和术语相关度在检索模型中的融合研究[J]. 计算机应用, 2007, 27(12) 3013-3015.

[136] Xu J M, Wu S F, Bai Y X. A belief network retrieval model expanded with synonym-based evidence[J]. Journal of Guangxi Normal University: Natural Science Edition, 2006, 24(4): 9-13.

[137] Xu J M, Fu T T, Li H, et al. Application of Extended Belief Network Model for Scientific document Retrieval[C]. Proceedings of 6th International Conference on Fuzzy Systems and Knowledge Discovery(FSKD'09), 2009: 535-539.

[138] 徐建民, 谢鹏林, 王丹青. 科技文献引用关系的信息资源分析[J]. 情报杂志, 2012, 31(12): 65-69.

[139] 徐建民, 王丹青, 谢鹏林. 基于科技文献引用关系扩展的信念网络检索模型[J]. 河北大学学报(自然科学版).

[140] 亨克. F. 莫德. 科研评价中的引文分析[M]. 佟贺丰, 等译. 北京: 科学技术文献 出版社, 2010.

[141] 庞龙. 科学引文分析的科学评价功能和意义[D]. 太原: 山西大学, 2006.

[142] 白彦霞. 基于术语相似度的贝叶斯网络检索模型扩展研究[D]. 保定: 河北大学, 2007.

[143] Ludovic D, Gallinari P. A belief-networks based generative model for structured documents. An application to the xml categorization[J]. Lecture Notes in Computer Science, 2003(2734): 328-342.

[144] 李爱梅. 影响图的数据结构研究[J]. 江南大学学报, 2000, 15(4): 3-6.

[145] 詹原瑞, 陈珽. 影响图理论与方法[M]. 天津: 天津大学出版社, 1995.

[146] Howard R A, Matheson J E. Readings on the principles and applications of precision analysis[M]. Menlo Park (CA): Strategic Decisions Group, 1989: 719-762.

[147] 卢海鹏, 周之英. WWW 应用标记语言[J]. 计算机科学. 1999, 26(1): 9-14.

[148] 王汉元. 置标语言以及SGML、HTML和XML的关系[J]. 情报杂志, 2005, 34(3): 67-68.

[149] 郭永明. XML 文档检索技术研究[D]. 太原: 太原理工大学, 2003.

[150] 徐建民, 柴变芳. 基于贝叶斯网络的 XML 文档查询模型[J]. 计算机工程, 2006, 32(15): 67-69.

[151] 宋玲, 马军, 郭家义. 支持 XML 信息检索的索引技术[J]. 计算机应用研究, 2005(3): 31-33.

[152] Xu J M, Zhao S, Chai B F. A model based on influence diagrams for structured document retrieval[C]. Proceedings of 2005 International Conference on Machine Learning and Cybernetics, 2005: 3225-3231.

[153] Xu J M, Zhao S, Liu Z P, et al. Using term relationships in structured document retrieval model based on influence diagrams[J]. Lecture Notes in Artificial Intelligence, 2006(3930): 711-720.

[154] 赵爽. 基于贝叶斯网络的结构化文档检索[D]. 保定: 河北大学, 2006.

[155] 徐建民, 陈富节, 朱松. 基于量化同义词扩展的贝叶斯网络结构化文档检索模型[C]. 仪表、自动化及先进集成技术大会, 重庆、丽江, 2007.

[156] 晋耀红, 苗传江. 一个基于语境框架的文本特征提取算法[J]. 计算机研究与发展, 2004, 41(4): 582-586.

[157] 赵林等. 基于知网的概念特征抽取方法[J]. 通信学报. 2004, 25(7): 46-53.

[158] 庞景安. Web 文本特征提取方法的研究与发展[J]. 情报理论与实践, 2006, 29(3): 338-367.

[159] 吕震宇, 林永民, 赵爽, 等. 基于同义词词林的文本特征选择与加权研究[J]. 情报杂志, 2008, 5: 130-32.

[160] 徐建民, 刘清江, 付婷婷. 基于量化同义词关系的改进特征词提取方法[J]. 河北大学学报(自然科学版), 2010, 30(1): 97-101.

[161] 徐建民, 王金花. 利用本体关联度改进的 TF-IDF 特征词提取方法[J]. 情报科学, 2011, 29(2): 279-283.

[162] 崔航, 文继荣, 李敏强. 基于用户日志的查询扩展统计模型[J]. 软件学报, 2003, 14(9): 1593-1599.

[163] Mittendorf E, Mateev B, Schauble P. Using the co-occurrence of words for retrieval weighting[J]. Information Retrieval, 2000(3): 234-251.

[164] Wu Y B. Automatic concept organization: organizing concept from text through probability of Co-occurrence[D]. University at Albany, State University of New York, 2001.

[165] Xu J X, Croft W B. Impprving the effectiveness of information retrieval with local context analysis[J]. ACM Transanctions on Information Systems, 2000, 18(1): 79-112.

[166] 丁国栋, 白硕, 王斌. 一种基于局部共现的查询扩展方法[J]. 中文信息学报, 2006, 30(3), 84-91.

[167] 徐建民, 崔琰, 刘清江. 基于同义词关系改进的局部共现查询扩展[J]. 情报杂志, 2010, 29(9): 145-147.

[168] Rocchio J. Relevance feedback in information retrieval[C]. The SmartRetrieval System- Experimentsin Automatic Document Processing, 1971: 313-323.

[169] 唐果. 基于语义领域向量空间模型的文本相似度计算[D]. 昆明: 云南大学, 2013.

[170] 杨长春, 徐小松, 叶施仁, 等. 基于文本相似度的微博网络水军发现算法[J]. 微电子学与计算机, 2014, 31(3): 82-85.

[171] 郭庆琳, 李艳梅, 唐琦. 基于 VSM 的文本相似度计算的研究[J]. 计算机应用研究, 2008, 25(11): 3256-3258.

[172] Ma Y H, Richard C. Content and structure based approach For XML similarity[C]. Proceedings of the 2005 The Fifth International Conference Oil Computer and Information Technology, 2005: 136-140.

[173] 宋玲, 马军, 连莉. 文档相似度综合计算[J]. 计算机工程与应用, 2006, 42(1): 160-163.

[174] 张锡忠, 徐建民. 基于术语同义关系的文档相似度研究[J]. 河北大学学报, 2017, 37(1): 108-112.

[175] 吴树芳, 刘畅, 徐建民. 基于术语间本体关联度的文档相关度研究[J]. 现代情报, 2014, 34(9): 56-59.

[176] Ding W Y, Chen C M. Dynamic topic detection and tracking: a comparison of HDP, C-word, and co-citation methods [J]. Journal of the Association for Information Science and Technology, 2014, 65(10): 2084-2097.

[177] Srivastava S, Hovy E. Vector space semantics with frequency_driven motifs [C]. Proceedings of the 52nd Annual Meeting of the Association for Computational Linguistics, Maryland, 2014: 634-643.

[178] Allan J, Papka R, Lavrenko V. On-Line new event detection and tracking[C]. The 21st Annual International ACMSIGIR Conference on Research and Development in Information Retrieval, New York: ACM, 1998: 37-75.

[179] Kumaran G, Allan J. Text classification and named entities for new event detection[C]. Proceedings of the ACM SIGIR Conference on Research and Development in Information Retrieval, New York: ACM, 2004: 446-453.

[180] Dixit V, Saroliya A. A semantic Vector Space Model approach for sentiment analysis [J]. International Journal of Advanced Research in Computer and Communication Engineering, 2013, 2(8): 3042-3049.

[181] The National Institute of Standards and Technology (NIST). The 2005 topic detection and tracking (TDT2005) task definition and evaluation Plan [Z]. ftp://jaguar.ncsl.nist.gov//tdt/ tdt2005/.Eval. Plan.vllps.

[182] 李保利, 俞士汶. 话题识别与跟踪研究[J]. 计算机工程与应用, 2003, 39(17): 7-10.

[183] 骆卫华, 刘群, 程学旗. 话题检测与跟踪技术的发展研究[C]. 全国计算语言学联合学术会议(JSCL－2003)论文集, 北京: 清华大学出版社, 2003: 560-566.

[184] 吴树芳, 徐建民, 孙晓磊. 基于贝叶斯信念网络的话题识别模型[J]. 计算机应用研究, 2014, 31(3): 792-795.

[185] 武军娜. 自适应话题跟踪技术研究[D]. 保定: 华北电力大学, 2013.

[186] Bucak S S, Gunsel B. Incremental subspace learning via non-negative matrix factorization[J]. Pattern Recognition, 2009, 42: 788-797.

[187] 洪宇, 仓玉, 姚建民. 话题追踪中静态和动态话题模型的核捕捉衰减[J]. 软件学报, 2012, 23(5): 1100-1119.

[188] Xu J M, Wu S F, Hong Y. topic tracking with Bayesian belief network[J]. Optik-International Journal for Light and Electron Optics, 2014, 125(9): 2164-2169.

[189] BucakS S, Gunsel B. Incremental subspace learning via non-negative matrix factorization[J]. Pattern Recognition, 2009, 42: 788-797.

[190] 洪宇, 仓玉, 姚建民. 话题追踪中静态和动态话题模型的核捕捉衰减[J]. 软件学报, 2012, 23(5): 1100-1119.

[191] Xu J M, Wu S F, Hong Y. Topic tracking with Bayesian belief network[J]. International Journal for Light and Electron Optics, 2014, 125(9): 2164-2169.